AF342726

Lentissima vitiosa-que
essior del.
Briant Sculp.

RÉFLEXIONS
SUR LA MAUVAISE QUALITÉ
DU PLÂTRE,
ET SUR SA CAUSE;
ET
MOYENS POUR PARVENIR
A UNE MEILLEURE FABRICATION:

Par M. FERROUSSAT DE CASTELBON, Architecte, Ancien Inspecteur des Bâtiments & Fermes de S. A. S. Monseigneur le PRINCE DE CONTI.

OUVRAGE utile à tous Entrepreneurs de Bâtiments, ainsi qu'aux Propriétaires, Locataires, qui font bâtir par économie, & aux Juges qui en connoissent.

A PARIS,

Rue S. Jacques, près de S. Yves, au Coq & au Livre d'Or,
Chez LOTTIN l'aîné, Imprimeur-Libraire du ROI
& de la VILLE.

M. DCC. LXXVI.

Avec Approbation, & Permission du Sceau.

AVANT-PROPOS.

La foibleſſe humaine s'eſt clairement annoncée par la néceſſité des abris : elle a d'abord exercé l'induſtrie ſur leur première forme, on a enſuite imaginé les cinq Ordres d'Architecture ; l'opulence a par dégré indiqué ſes beſoins, & l'Art, aiguillonné par la molleſſe & le goût, n'a rien oublié pour la commodité & l'élégance intérieure.

La bonne ordonnance d'un Bâtiment réunit l'utile & l'agréable ; le génie de l'Artiſte ne doit pas être borné à la ſeule décoration, ſes ſoins doivent embraſſer une infinité de détails ſur la ſolidité & l'économie dont les combinaiſons préſentent le plus grand intérêt.

Le Plâtre devient d'une néceſſité abſolue pour la réunion des pierres

a ij

& des moilons dont il eſt le lien : la qualité de cette matière d'où doivent réſulter la durée de nos conſtructions , & la ſécurité publique, dans laquelle néanmoins l'infidélité eſt preſque univerſellement pratiquée, fait le ſujet de cette diſſertation ; elle a deux principaux objets : le premier eſt de faire connoître les vices de la cuiſſon du Plâtre, & les mixtions qui en altèrent la qualité ; le deuxiéme eſt de donner les moyens de faire une cuiſſon plus économique , & qui conſerve au Plâtre ſa pureté & ſa fleur.

Mon deſſein eſt donc de détruire le principe des fraudes qui appauvriſſent cette branche de commerce ſi utile, & qui produiſent des effets très-dangereux ; & pour ſe convaincre de la multiplicité de ces fraudes & de leurs funeſtes effets, il ne faut qu'ouvrir les Régiſtres de la Chambre Royale des Bâtiments, Ponts & Chauffées de France.

Les Maifons Royales, nos Temples & nos Monuments publics, dont l'entretien coûte des fommes immenfes à l'Etat, ne feroient pas fujets à des réparations fréquentes, fi la vigilance de ce Tribunal, chargé de l'infpection fur les Plâtrières, eût pu produire tout le bien qu'il a en vue, que la fageffe de fes Ordonnances & de fes Jugements devroit opérer, mais qu'un obftacle caché dans la difpofition de ces établiffements détruit à mefure. Les événements nous apprennent que le mauvais Plâtre expofe le Citoyen aux plus grands dangers fous fon couvert & dans les rues.

Sous les aufpices du régne le plus éclairé, je me fuis occupé d'un Projet utile : concourir au bien public c'eft fervir le vœu du Prince, & le goût de ſes Miniſtres ; y employer mon étude eſt un devoir que je remplis avec plaiſir ; voilà les titres qui me font eſpérer, grace aux yeux du public, ſur ma témérité d'écrire ; je n'ai jamais fait de la littérature une étude particulière, je le ſupplie de n'enviſager que le ſujet de ce Traité.

APPROBATION.

J'AI lu, par ordre de Monseigneur le Garde des Sceaux, un Manuscrit intitulé : *Réflexions sur la mauvaise qualité du Plâtre & sur sa cause, & moyens de parvenir à une meilleure fabrication. Par M. Ferroussat, Architecte*, &c. Cet Ouvrage m'a paru contenir des Réflexions très - justes sur les causes qui contribuent à détériorer la force & les bonnes qualités du Plâtre ; les moyens que l'Auteur propose pour fabriquer un Plâtre toujours égal & de bonne qualité, m'ont paru très-propres à remplir ces vues, & je pense que la publication de son Ouvrage ne peut être qu'avantageuse au Public ; en l'éclairant sur un objet de la plus grande importance pour la solidité des Bâtiments. A Paris, ce 13 Décembre 1775.   *Signé*, MACQUER.

PERMISSION DU SCEAU.

LOUIS, PAR LA GRACE DE DIEU, ROI DE FRANCE ET DE NAVARRE ; A nos amés & féaux Conseillers les Gens tenants nos Cours de Parlement, Maîtres des Requêtes ordinaires de notre Hôtel, Grand-Conseil, Prevôt de Paris, Baillifs, Sénéchaux, leurs Lieutenants Civils & autres nos Justiciers qu'il appartiendra : SALUT. Notre amé le sieur FERROUSSAT Nous a fait exposer qu'il désireroit faire imprimer & donner au Public un Ouvrage intitulé : *Réflexions sur la mauvaise qualité du Plâtre, &c* : s'il Nous plaisoit lui accorder nos Lettres de Permission pour ce nécessaires. A CES CAUSES, voulant favorablement traiter l'Exposant, Nous lui avons permis & permettons par ces Présentes de faire imprimer ledit Ouvrage autant de fois que bon lui semblera, & de le faire vendre & débiter par tout notre Royaume, pendant le temps de *trois années* consécutives, à compter du jour de la date des Présentes. Faisons défenses à tous Imprimeurs, Libraires & autres personnes, de quelque qualité & condition qu'elles soient, d'en introduire d'impression étrangère dans aucun lieu de notre obéissance. A la charge que ces Présentes seront enregistrées tout au long sur le Registre de la Communauté des Imprimeurs & Libraires de Paris, dans trois mois de la date d'icelles ; que l'impreſſion dudit Ouvrage ſera faite dans notre Royaume & non ailleurs, en bon papier & beaux caractères ; que l'Impétrant ſe conformera en tout aux Réglement de la Librairie, & notamment à celui du 10 Avril 1725 ; à peine de déchéance de la préſente Permiſſion ; qu'avant de l'expoſer en vente, le Manuſcrit qui aura ſervi de copie à l'impreſſion dudit Ouvrage, ſera remis dans le même état où l'Approbation y aura été donnée, ès mains de notre très-cher & féal Chevalier, Garde des Sceaux de France, le ſieur HUE DE MIROMENIL, qu'il en ſera enſuite remis deux Exemplaires dans notre Bibliothéque publique, un dans celle de notre Château du Louvre, un dans celle de notre très-cher & féal Chevalier, Chancelier de France le Sieur DE MEAUPOU, & un dans celle de dudit Sieur HUE DE MIROMENIL ; le tout à peine de nullité des Préſentes : Du contenu deſquelles vous mandons & enjoignons de faire jouir ledit Expoſant & ſes Ayans cauſes, pleinement & paiſiblement, ſans ſouffrir qu'il leur ſoit fait aucun trouble ou empêchement. Voulons qu'à la Copie des préſentes, qui ſera imprimée tout au long au commencement ou à la fin dudit Ouvrage, foi ſoit ajoutée comme à l'Original. Commandons au premier notre Huiſſier ou Sergent ſur ce requis, de faire pour l'exécution d'icelles, tous Actes requis & néceſſaires, ſans demander autre permiſſion, & nonobſtant clameur de Haro, Charte Normande & Lettres à ce contraires ; Car tel eſt notre plaiſir. DONNÉ à Paris, le dix-ſeptiéme jour du mois de Janvier l'an mil ſept cent ſoixante-ſeize, & de notre Régne le deuxiéme. Par le Roi en ſon Conſeil.   *Signé*, LE BEGUE.

Regiſtré ſur le Regiſtre XX de la Chambre Royale & Syndicale des Libraires & Imprimeurs de Paris, Nº 516. Fol. 82, conformément au Réglement de 1723. Qui fait défenſes, Article IV, à toutes perſonnes de quelque qualité & condition qu'elles ſoient, autres que les Libraires & Imprimeurs, de vendre, débiter, faire afficher aucun Livres pour les vendre en leurs noms, ſoit qu'ils s'en diſent les Auteurs ou autrement ; & à la charge de fournir à la ſuſdite Chambre huit Exemplaires preſcrits par l'Article CVIII du même Réglement. A Paris, ce 10 Janvier 1776. LAMBERT, Adjoint.

RÉFLEXIONS

RÉFLEXIONS

SUR LA MAUVAISE QUALITÉ

DU PLÂTRE

ET SUR SA CAUSE.

Sous un extérieur uniforme nous bâtissons de deux manières, en pierre & en pans de bois ; la méthode en pans de bois est la plus pratiquée, celle en pierre ne l'est guère que pour les Palais, les Monuments publics, & les grands Hôtels ; c'est-à-dire, que les trois quarts des Hôtels , tous les Bâtiments occupés par le tiers-état, & par le peuple, sont construits en pans de bois hourdés & enduits en Plâtre;

A

les planchers, les plafonds, les décorations & les distributions intérieures des Palais, & des grands Hôtels, font encore formés avec le Plâtre; il eft notoire enfin que les Bâtiments élevés en mortier de Chaux font en très-petite quantité : j'obferverai auffi que tous les entretiens & réparations fe font en Plâtre; de manière que, fans hafarder, j'eftime que les quinze feiziémes des conftructions ou reconftructions font faites en Plâtre. Cette évaluation annonce combien il eft important de veiller à la qualité de cette matière, dont la confommation eft immenfe dans Paris & aux environs.

Jufqu'à préfent nos Conftructeurs ne nous ont Rapporté aucun exemple qui ait prouvé que la durée des conftructions en Plâtre puiffe égaler celle des Bâtiments élevés en mortier de Chaux : en effet dans certaines

démolitions de murs très-anciens, conf-
truits à Chaux, on éprouve que la pince
& le marteau y deviennent infuffifants,
& qu'on eft obligé, pour rendre ces
travaux moins longs, d'y faire jouer
la mine ; j'ai même vu que le mortier
condenfé y avoit fi bien pris nature
de pierre, & que fa réunion aux matériaux s'y étoit fi parfaitement opé-
rée, que, par les efforts de la mine,
le mouellon fe caffoit plutôt que de
fe défunir du mortier. Les joints à
Plâtre ne réfiftent point quand la
matière ne s'eft pas trouvée de bonne
qualité, car n'ayant ni onctuofité,
ni mordant, elle fe détache, fe pour-
rit & fe dégrade en vieilliffant ; mais
le Plâtre qui eft pur & bien fabriqué
fe durcit autant que le ciment, fait
pierre, & il réfifte aux plus grandes
charges ; une expérience que j'ai ré-
cemment faite fous des yeux dignes

de foi nous l'assure : j'aurai lieu dans ce Traité de la faire valoir.

Il est donc certain qu'il y a dans la fabrication du Plâtre des abus auxquels il est de la plus grande importance de rémédier.

Si, malgré la disproportion de durée bien démontrée, l'on préfere l'emploi du Plâtre à celui du mortier de Chaux, c'est parce que les hommes sont trop preßés de jouir ; le propriétaire d'un terrein n'a pas plutôt fait jetter les fondations * de l'édifice qu'il voudroit en voir monter le comble. Dans ce cas ce n'est pas du mortier de Chaux qu'il faut se servir, parce

---

* On a remarqué, le 12 Juillet 1775, dans la cour Saint-Martin-des-Champs, un Bâtiment élevé par le ſieur Lafond, maître Maçon, dont on a jetté les fondations en Mai, & qui a reçu ſa couverture au commencement de Juillet ſuivant. Cet exemple n'eſt pas le ſeul.

qu’il eſt long plus ou moins à ſe durcir ; ce qui dépend de pluſieurs cho-
ſes : de la quantité & de la qualité
du Sable qui entre dans ſa compoſi-
tion, de la qualité de la pierre plus
ou moins glutineuſe dont on fait la
Chaux, & du plus ou moins d’eau
qu’on y met en la détrempant.

Le mortier, provenant d’une Chaux
faite avec des cailloux, acquerra bien
plus de vivacité, de qualité & de réſiſtance ſous la charge, que celui qui
proviendra de toute autre pierre ; l’un
& l’autre employé dans la même conftruction ne peut pas ſe durcir en même temps & au même degré : alors
dans un Bâtiment fait précipitam-
ment, les murs s’aſſeyant plus promp-
tement les uns que les autres, occa-
ſionnent divers mouvements dans le
corps général, l’on les apperçoit bientôt ſur l’extérieur, & par les plan-

chers qui quittent le niveau ; ce qui
eſt l'effet de la réſiſtance que la qualité du mortier de Chaux aura donné
plus ou moins dans des parties de
murs que dans d'autres.

Le Plâtre ſeul peut ſe prêter à l'im-
patience du Propriétaire : devant être
employé pur , il aura l'avantage ſur
la Chaux de porter dans tous les murs
du Bâtiment la même qualité, n'étant
affoibli par aucune partie hétérogène
il oppoſera partout ſous la charge ,
la réſiſtance néceſſaire au même inſtant & au même dégré ; de manière
qu'à cet égard la conſtruction ne
pourra être vicieuſe , quelque dili-
gence que l'on y mette. C'eſt un fait
dont l'expérience répond ſi l'Entrepreneur emploie un Plâtre fidéle &
bien fabriqué ; autrement le Plâtre
convient auſſi peu que le mortier de
Chaux.

Pour la solidité des Bâtiments on ne péche pas faute d'instruction sur la qualité des matériaux, du bois de charpente, des fers & de la menuiserie; les Réglements ont tout prévu : mais a-t-on prescrit pour le Plâtre une marche qui tranquillise le Propriétaire sur sa pureté & sa qualité, que l'emploi seul peut faire connoître? Le bois, le fer, la pierre, la tuile, & tous les autres matériaux se montrent tels qu'ils sont, les vices qu'ils peuvent avoir s'annoncent ; mais au Plâtre amalgamé avec les décombres de carrière que la fleur de cette matière envelope & masque, l'ouvrier ne peut rien connoître s'il n'en gache un essai sur chaque sac : cette précaution assureroit la bonté de son ouvrage, mais la paresse ou le peu de loisir du préposé dans l'attelier, & plus souvent encore sa faveur

A iv

achetée y préſentent un obſtacle in-
vincible ; d'ailleurs cette opération
exigeroit un temps conſidérable qui
ſeroit pris ſur la journée de tout un
attelier & du charretier ; en ſorte que
c'eſt ſur la confiance que le Plâtre ſe
livre.

Cette branche de commerce n'eſt
pas devenue ſi importante ſans faire
faire des réflexions à nos Architectes,
mais éloignés de cette étude, d'abord,
parce que c'eſt au fabriquant qu'il
appartient de veiller à la perfection
de ſa marchandiſe ; en ſecond lieu,
parce que ces Artiſtes s'en ſont rap-
portés aux maîtres Maçons, qui, re-
tenus par le ſervice de leur métier,
n'ont pu s'occuper de ces établiſſements répandus dans la campagne.
Quelques-uns ont cru qu'il étoit plus
aiſé de réunir les détails différents de
leur état aux ſoins de l'exploitation

d'une carrière de pierre à bâtir, elle peut en effet leur être fructueuse par la connexité de l'extraction avec l'emploi; ils s'en font occupés : le Plâtre porte bien en foi le même rapport, mais les habitudes blâmables des Ouvriers, par la volonté defquels les difpofitions actuelles obligent de paffer, leur ont préfenté trop de difficultés; ils ont négligé cette fpéculation.

Sur cet objet, j'ai eu l'honneur de mettre mes Réflexions fous les yeux de l'Académie Royale d'Architecture & du Miniftère public; l'accueil favorable, dont l'un & l'autre les ont honorées, eft pour moi d'un prix ineftimable, leur defir très-authentiquement manifefté de les voir exécuter, porte dans mon cœur l'encouragement : l'affurance de mon dévouement éternel, & de mon obéiffance, est la seule preuve de reconnoissance qui soit en mon pouvoir ; c'est ce dont j'ai dessein de les persuader en renouvellant mes efforts pour développer clairement les procédés utiles que j'ai imaginés pour la fabrication du Plâtre.

ADONNÉ à l'Architecture par goût & par l'ambition de mériter place à côté du vrai Citoyen, je vois depuis long-temps avec inquiétude les effets dangereux & fréquents d'un Plâtre mal fabriqué & altéré; tandis que, par son onctuosité & sa force, il devroit tenir lieu du ciment, & nous répondre de la durée de nos retraites, & faire notre sécurité : des accidents notoires nous apprennent que le Citoyen court des dangers évidents par le détachement des plafonds, des entablements, l'écroulement des murs &

des cheminées ; & c'est parce que je l'ai vu exposé à tant de risques que je me suis livré à l'étude la plus exacte sur cette matière.

J'ai acheté en 1771 une carrière à Plâtre, dont la masse pleine & sans puisards a toute la qualité désirable ; en me familiarisant avec les Ouvriers, j'ai pris une juste notion de leurs usages ; j'ai consulté les Marchands les mieux famés ; pour n'être arrêté par aucun doute, j'ai assisté assiduement à cette manipulation, j'y ai même mis la main ; & c'est en m'instruisant par moi-même du moindre détail, que j'ai pénétré les moyens employés à voiler les amalgames infidéles qui font la mauvaise qualité du Plâtre, & qui sont exécutés dans tous ces atteliers.

Le nombre infini d'expériences faites dans un travail de quatre ans, m'a convaincu que ces établiſſements ſe ſouſtraient aiſément à l'inſpection confiée à la Chambre Royale des Bâtiments, parce qu'ils ſont épars, ſans ordre, & que l'éloignement favoriſe leurs malverſations réitérées ſous des formes nouvelles. Je vois avec étonnement les fours ouverts à la diſcrétion de tous les vents qui tourbillonnant ſans ceſſe dans ces fonds de carrière, tourmentent le feu & en empêchent l'action. Dans la forme négligée de leur conſtruction, la cuiſſon s'exécute mal ſi on y épargne le bois, ou devient trop chere ſi on y conſomme tout celui néceſſaire : * c'eſt pour ſe dédommager du tort

* Qu'elle économie en effet pourroit-on attendre de cette forme que le frontiſpice repréſente telle qu'elle eſt exécutée aujourd'hui ; ſous un hangard très-petit, tout ouvert ſur le devant, percé de deux croiſées ſur le derrière, & couvert en tuiles à claire voie ? Il eſt

réſultant de ce dernier inconvénient, que l'ouvrier élevé dans les reſſources criminelles de ſon pere, oſe ſe permettre ce mêlange des pouſſières provenantes de l'exploitation des carrières, & terrifiées par le hale & la pluie; ſon intérêt ne lui a point ouvert les yeux ſur le méchaniſme vicieux de ſes fours; le changement qu'il faudroit y faire, occaſionneroit une dépenſe qu'il redoute, & ſon induſtrie ne lui a fourni juſqu'à préſent d'autre voie pour s'indemniſer que celle de la fraude.

C'eſt parce qu'ayant ſuſpendu mon premier état pour examiner la manipulation du Plâtre, que je ſuis autoriſé à me croire aſſez inſtruit ſur les

vrai que l'ouvrier eſt plus à l'aiſe, quand il ſe délivre de la fumée, & que par tant d'ouverture elle part aiſément ; mais il en dépenſe bien plus de chaleur en pure perte.

combinaisons différentes de cette profession, & que j'ose mettre mes Réflexions sous les yeux du Gouvernement.

Je fais observer qu'il est triste de ne pouvoir assujettir par un Réglement tous ces Manufacturiers à la nécessité de bien fabriquer ; & cette impossibilité est démontrée par les soins inutiles de la Chambre des Bâtiments, sur lesquels elle gémit sans cesse.

Il faut donc un miracle pour subjuguer l'indocilité de cette classe d'Ouvriers ; oui, il en faut un. Il est au pouvoir des hommes. L'exemple d'un établissement, conduit plus ingénieusement & plus fidélement, peut seul l'opérer. Aussi-tôt la concurrence sera établie, & prescrira naturellement dans tous ces atteliers l'obligation de bien fabriquer.

Sans cette uniformité, le Fabriquant fidéle feroit un commerce ruineux; forcé de fe conformer au bas prix qu'établit celui qui eft aidé par la fraude, nul moyen ne lui préfente la reftitution des frais qu'une bonne manipulation produit, tandis qu'il voit à côté de lui l'infidéle fe procurer un bénéfice affuré, par le volume que lui fourniffent les mixtions prohibées. Mais pourroit-on dire, un homme honnête quittera cet état plutôt que de fe joindre à tant d'horreurs : point du tout, s'il n'a d'autre reffource pour élever fa famille; & n'eût-il pas d'enfants, il y reftera attaché pour fa propre fubfiftance; y étant lié d'ailleurs par l'engagement de fes fonds, il fuivra le torrent impétueux de l'exemple. Quand même l'honnête homme fe retireroit, il feroit bientôt remplacé par un autre moins délicat ; & la quantité de la matière infidéle ne diminuera point. Voilà la source empoisonnée qu'il faut tarir.

La vertu se lasse quand ses soins restent infructueux ; l'Ouvrier s'est toujours relâché sur ses devoirs, quand il a été poussé par des avantages que le fruit de la fraude tolérée lui présente constamment. D'après ce principe, il y a certitude que l'altération du Plâtre est générale. *

---

* Il peut y avoir cependant quelques atteliers moins négligés, & qui ne méritent pas d'être confondus dans le général ; j'en connois même un dont les Propriétaires, impénétrables à toute maligne induction, tiennent dans leur commerce une conduite rare & édifiante ; pour ne pas blesser leur modestie, je voudrois éviter de les faire connoître ici, mais je ne puis me taire, & je dois les décharger de mes reproches : cette obligation m'est imposée par une foule d'actes de piété & d'humanité de leur part, connus du public, & confirmés par l'estime particulière des Magistrats de la Chambre Consulaire de Paris en leur faveur : ce

Il n'eſt point en effet de Bâtiments où les Entrepreneurs ne ſoient obligés de jetter bas des ouvrages défectueux, provenants du défaut de qualité dans cette matière. Les Architectes connoiſſent ces événements ruineux pour les maîtres Maçons, ou pour les Propriétaires.

LE germe de tant de vices, qui infectent ces Établiſſements particuliers, eſt dans leur diſpoſition actuelle ; voilà l'unique queſtion que j'ai dû me faire, & que je me ſuis attaché à réſoudre : c'eſt auſſi le moyen de ſecon-

Tribunal a choiſi l'un d'eux pour l'éclairer ſur les affaires litigieuſes de carrière, qui reſſortent de ſon attribution, & dans leſquelles il donne ſon avis avec autant d'intelligence que d'intégrité : ce zélé Citoyen emploie même beaucoup de temps à terminer chez lui, & gratuitement, la plus grande partie de ces différents, qui ne retournent point aux Juges.

B

der les foins de la Chambre Royale,
& l'unique remede au mal : je vais le
prouver par un expofé que je borne
à deux points.

1º Je me fuis déja expliqué fur la
forme peu utile des Fours employés
actuellement à la cuiffon du Plâtre,
& fur la grande diffipation de chaleur
dont l'effet eft perdu. Par un petit
changement que j'ai fait à ceux de
pareille conftruction que j'ai trouvé
dans ma carrière, j'ai corrigé l'inconvénient des vents. Mais ce changement, que la fituation du local & les
circonftances m'ont permis, ne produit pas la perfection que j'ai en vue;
je defire fermer les Fours & leur donner une forme, qui, fixant le feu fur
la matière, opérera la cuiffon plus
également.

2º Selon la pratique actuelle, les
Fours font établis dans les carrières

même, ils reçoivent les poussières qu'occasionne l'extraction de la masse, poussières, qui, comme je l'ai dit, éventées & terrifiées au hâle & à la pluie, ne peuvent pas acquérir, par la cuisson, la qualité des recoupes jettées dans la fournée, à mesure qu'elles se font sous le marteau; poussières qui sont devenues le secret d'un bénéfice criminel, l'objet des mixtions prohibées, & qui donnent lieu à tant de contraventions. Il est encore une autre sorte de décombre qui s'incorpore dans le Plâtre : l'aire de ces Fours doit être, relativement à leur construction, maintenue à une certaine hauteur, pour aider l'activité du feu: cette aire s'use & se mêle au Plâtre par le mouvement des pêles lorsqu'on remplit les sacs; on la recharge de terre, elle se recreuse; & ainsi successivement cette terre s'incorpore & altère la qualité du Plâtre.

B ij

Enfin que la mauvaiſe cuiſſon provienne de l'informe conſtruction des Fours, ou non ; que l'altération du Plâtre ſoit du fait de l'Ouvrier, qu'elle ſoit conſentie ou non par ſon Maître, qu'elle ſoit, en un mot, l'effet d'une manipulation coûtumiere, les abus exiſtent : il s'agit d'y remédier. C'eſt à quoi la Police, établie depuis plus d'un ſiécle & demi, * adminiſtrée ſous les ordres de la Chambre Royale des Bâtiments, Ponts & Chauſſées de France, n'a pu parvenir, & ne parviendra jamais, quand même elle établiroit des Sentinelles dans ces lieux coupés, devenus des abîmes, & la retraite nocturne des vagabonds, des ſcélérats, ** & que les Maîtres n'oſent fréquenter que dans le jour.

---

* Par Lettres Patentes de 1594.
** Il n'eſt point de carrières dans laquelle il ne ſe

Qu'on examine comment se fait cette police, & par qui elle est faite, & l'on verra si elle a pu apporter du remede contre tant d'abus, en laissant subsister la disposition actuelle de ces Manufactures, ou si l'on doit y faire quelque changement qui rende cette police utile.

Sans contredit, l'inquiétude sur la

---

passe, pendant l'année, quelque délit de vol ou de meurtre. Une des nuits du 18 au 20 Mars 1775, la maison que j'ai fait bâtir, pour retraite dans le jour, a été attaquée, le contrevent d'une des croisées a été ouvert avec fractions, & les autres qui n'ont pu être forcés, ainsi que les portes solidement fermées, ont été coupées, hachées & essayées avec des pinces ou des leviers de fer. Monsieur le Commissaire Maillot s'y est transporté sur la déclaration que j'en ai faite en son étude le 21 du même mois. Quelques mois auparavant on a surpris, dans une petite carrière voisine, un homme qui travailloit à sa destruction, il s'étoit donné quelques coups de couteau. Enfin les Ouvriers de toutes les carrières se plaignent des vols très-fréquents de leurs outils ; & j'attelte que dans la mienne mes Ouvriers ont de même été volés.

bonne qualité du Plâtre, intéreſſe plus particuliérement le maître Maçon que perſonne, puiſqu'il eſt garant de droit, & par condition ordinairement ſtipulée dans tout marché d'entrepriſe, du bâtiment qu'il éleve. Auſſi eſt-ce dans ſon corps que les Juges, Maîtres Généraux de la Chambre, nomment les Commiſſaires pour procéder à la viſite des Plâtres. Ce Tribunal leur indique le jour qu'ils feront leur tournée dans les carrières, & il les autoriſe à dreſſer contradictoirement des procès-verbaux ſur l'état des Fours, ſur leur manutention; & à cet effet, un des Huiſſiers de la Chambre les accompagne.

Sur la foi de ces procès-verbaux, la Chambre prononce des amendes, des interdictions, ou d'autres peines contre les délinquants, conformément aux réglements, & ſelon la gravité de la contravention conſtatée.

VOILA donc une police fagement
ordonnée, & comme elle devroit être
exécutée ; mais ces vifites pénibles
ont été jufqu'à préfent infructueufes,
au grand regret des Maîtres Généraux ; parce que, quoique la manutention des Fours foit ordinairement
établie dans le fond des carrières,
il y a des Ouvriers occupés fur des
éminences, d'où ils donnent l'éveil
à l'attelier, quand ils voient arriver
les Officiers de Police : d'ailleurs les
Plâtriers fçavent mafquer leur fraude,
& s'ils font quelquefois furpris, ils
ont fçu fe ménager dans leur manipulation des moyens de défenfe * que
l'on ne peut combattre que foible-

---

* Dans l'ordre de mes penfées, je vois que ces
Commiffaires, éclairés par l'expérience dans leur état,
font bien compétants pour juger la qualité du Plâtre : (c'eft de cette efpèce que les procès-verbaux

B iv

ment ; d'où il réfulte des nullités de procès-verbaux, ou des conteſtations qui chargent les Magiſtrats & leurs Officiers, de la haine des Ouvriers.

Les Maîtres Maçons, commandés pour ces tournées, les font même contre leur gré & avec quelques précautions, parce qu'il ont à procéder contre des gens indociles & durs, qui tiennent de la nature ſauvage du local. Ces Officiers faiſant leurs fonc-

---

doivent auſſi faire mention :) que pour ce qui regarde la diſpoſition des Fours, leurs opérations, & la deſtination des pouſſières qui ſe trouvent amoncelées à l'approche deſdits Fours, ou parce qu'elles y ſont les débris de la préparation des pierres que les Carriers y apportent, ou parce que les Ouvriers ont le deſſein de les employer furtivement dans la fournée, (ce qui eſt très-probable, & communément effectué,) mais furquoi ils peuvent auſſi très-bien ſe défendre, s'ils ne ſont pris ſur le fait ; ils n'ont qu'à ſoutenir qu'ils attendent le premier loiſir pour les tranſporter dans les décharges : à cet égard, dis-je, je ſens que Meſſieurs les Officiers peuvent ſe tromper, & mal voir dans les objets qu'ils jugent ; de manière qu'avec le

tions avec inquiétude, & à la hâte, déclarent avec beaucoup de ménagement, excufent même l'état de contravention. Il eft impoffible qu'il n'y ait dans ces vifites, ou de la légéreté, qui ne permet pas un examen réfléchi, & qui les rend inutiles, ou des nullités, à la faveur defquelles les délinquants trouvent l'impunité des délits.

Le moyen le plus certain de ren-

———————————————————

cœur le plus droit, & avec tout l'efprit du devoir, n'étant pas inftruits particuliérement fur l'étude de ce mécanifme, ils n'ont pas pu fe mettre en état de convaincre le délinquant de fon infidélité.

D'après cette obfervation on imaginera de mettre ces Officiers à l'abri d'un fi grand inconvénient, en leur donnant pour adjoint un homme Plâtrier: il eft bien difficile ici de lever toute inquiétude; qui répondra que cet homme de l'état ou ne foit partial, ou ne conferve pour fes Confreres quelque ménagement? L'efprit de Corps, & l'intérêt particulier, me le rendent fufpect; il exercera en apparence une fonction que fon cœur reprouve, & dont il aura d'avance trahi les devoirs.

dre les Ouvriers dociles & fidéles, c'eſt dès l'inſtant que l'on forme un attelier, d'y établir une diſcipline qui écarte d'eux toute occaſion d'infidélité, & qui perſuade que l'Artiſte qui les commande ne leur fera ni tort, ni grace. Pour les entretenir dans cette perſuaſion, il faut, 1°, donner une attention habituelle à leur manutention, 2°, les payer exactement au terme convenu, qui ſera la vérification faite de leur tâche. Ces hommes élevés groſſiérement, & diſpoſés au murmure, deviendront circonſpects & doux ; attachés à l'attelier, par l'aſſurance d'y recevoir le prix du travail, ils conſulteront leur intérêt ; pour ſe maintenir dans leur place, ils en rempliront les fonctions conformément à la diſcipline établie. Mais, il faut ſur-tout mettre à leur tête un homme qui connoiſſe bien la pratique de l'œuvre qu'il aura à leur commander.

Un tel arrangement eſt ſûr, il eſt fait pour vaincre la réſiſtance de cette claſſe ſubalterne, dont la ſévérité des peines ſemble plutôt augmenter la férocité que l'adoucir. Mais quelque bon qu'il paroiſſe, il ne peut réuſſir que dans un établiſſement nouveau ; il ne ſeroit reçu dans aucun de ces atteliers épars, où l'habitude & l'intérêt ont déja réglé la marche des Ouvriers, & qu'a fortifiée la ſolitude du local. L'introduiroit-on de force ? mauvais moyen ; un déluge de déſagréments, le danger peut-être pour la vie, forceroit bientôt l'Inſpecteur, chargé de l'exécution, de ſe démettre.

En partant de ce principe pour la plus utile fabrication du Plâtre, il faut donner à l'établiſſement une forme abſolument neuve ; pour la meilleure police, il y s'agira de ſéparer l'Ouvrier de l'occaſion du vice ; & voici comment.

Je propoſe de tranſplanter les Fours aſſez loin de l'exploitation des carrières, pour que les décombres ne puiſſent y être employés ; les moëlons ſeuls, propres à cuire, y ſeront tranſportés, les recoupes y ſeront jettées à l'inſtant qu'elles ſe formeront ſous le marteau, n'ayant pas le temps de s'éventer, elles feront du bon Plâtre ; il eſt certain que, ſur ce chapitre d'économie, l'intérêt tiendra le Manufacturier éveillé, de manière que tout étant emploié on ne peut craindre nul embarras ou engorgement, ni dans l'établiſſement, ni dans ſes approches.

Le peu de valeur des pouſſières ou décombres de carrière, comparé avec les frais de leur transport, tiendra lieu de l'inhibition la plus expresse d'en faire usage : cette dernière considération ôte toute inquiétude sur cet objet.

Le succès de votre projet, me dira-t-on, fera des mécontens & essuiera des contrariétés. Comment, & de qu'elle part, dès que je n'en exclus personne : il est vrai que la méthode actuelle, si favorable à la fraude, pourra perdre de son crédit : ce seroient donc les Plâtriers que j'aurois à redouter ? Mais de quel poids pourroient être leurs oppositions, lorsque je me présente sous la protection du Gouvernement, pour donner à mes frais un exemple utile. Sans qu'on ait recours à la voie de l'autorité, pour perfectionner la qualité des Plâtres, le Citoyen verra exécuter des procédés aussi importants qu'ils sont peu

connus , dont tous les Fabriquants fé-
ront maîtres d'ufer. Je rapprocherai,
le plus qu'il me fera poffible , l'établiffement fous les yeux du Tribunal ,
chargé de fon infpection , pour que
les vifites qu'il jugera néceffaires foient
plus aifées & plus fréquentes.

LA nuifible infidélité que je com-
bats dans la fabrication du Plâtre ,
change d'efpèce dans toute autre manufacture où elle peut être regardée
comme économie imaginée par l'in-
duftrie ; il eft vrai qu'elle peut donner
lieu à des contraventions aux réglements de Communauté qui ont leurs
objets particuliers , mais elle ne trom-
pe pas le public : par exemple , dans
un drap de laine ou de foie , dont
la largeur ou la force , fixée par les
ftatuts , n'y feroit pas bien conforme ,

dont la chaîne seroit hourdie d'un moindre nombre de fils ; il en résulteroit une étoffe plus légere ou plus étroite ; tout cela se voit & se touche : le Fabricant fait des assortiments de tous les prix, l'Acheteur tient la balance dans sa main, au tac il distingue la sécheresse ou le moileux de l'étoffe, & n'en paye que la valeur réelle ; il est libre de prendre ou de laisser ce qu'il touche & ce qu'il voit. En affaire de constructions cela est bien différent : un Plâtre infidéle, chargé des mixtions masquées par la fleur de cette matière, se présente en apparence aussi beau que le Plâtre pur : la différence de leur qualité ne se connoît qu'à l'emploi, & jusques-là l'un est l'autre indifféremment se déchargent à prix égaux.

De l'altération du Plâtre résultent très-souvent de si grandes défectuoſités que l'Entrepreneur eſt obligé de démolir ſon ouvrage. Voilà dans ce dernier cas une perte bien évidente pour le Maçon, quand un Architecte actif y tient la main. C'eſt une infidélité au préjudice du propriétaire, quand le Maçon échappe à la vigilance de ſon ſupérieur.

Il eſt donc bien eſſentiel que le miniſtère public ſoit éclairé ſur les nombreuſes reſſources que la mauvaiſe foi & la cupidité ont imaginées dans une des plus utiles manutentions, & qu'en protégeant le zèle d'un Citoyen inſtruit, il aſſure les moyens de détruire tant de fraudes.

L'EXÉCUTION de mon plan ne ſe borne pas à corriger le caractère de la manipulation, je dois encore l'étendre juſques dans la conſtruction des Fours :

Fours : la forme des nouveaux que je propose de faire exécuter, est très-simple, & le succès d'une cuisson parfaite & égale, est certain ; la matière à cuire y est renfermée de toute part, il ne reste d'un côté qu'une entrée pour jetter le bois sur le brasier, & dès que la charge est faite, cette entrée est fermée par une plaque de fonte, au bas de laquelle est pratiquée une ventouse pour aider l'action du feu qui se porte & se fixe sur le bloc de la fournée : de l'autre côté, sont établies plusieurs petites ventouses qui servent, en les ouvrant, à attirer & à distribuer dans cette partie le feu ; en les fermant, l'activité du feu est renvoyée ou modérée selon le besoin & l'intelligence du Fournier.

On sçait enfin que par la méthode pratiquée, cette exploitation, & le façonnage du Plâtre, excitent une pouſſière très-incommode. Cet incon-vénient eſt parfaitement corrigé dans l'établiſſement dont il eſt queſtion.

***

Juſqu'à préſent les Auteurs n'ont annoncé que trop légérement leurs projets, ils n'ont point eu ſoin de les accompagner d'actes qui conſtataſ-ſent aſſez les eſſais faits ſur leur uti-lité. Le Miniſtre, faute de cette con-viction, ne peut aſſeoir ſon juge-ment.

Pour qu'on croie ſainement aux avantages d'une nouveauté, l'Auteur, après en avoir démontré clairement le mécaniſme, doit, au ſoutient de ſes calculs, préſenter des épreuves dans l'exécution réelle du projet ; *en petit ſi l'on veut*, l'eſſentiel eſt, que les opé-rations ſoient les mêmes qu'elles de-vront être en grand, & qu'elles offrent au Miniſtère l'évidence du bien qu'il annonce.

Plein de cette vérité, pour mettre l'utilité de mes nouveaux Fours dans le plus grand jour, & mieux démontrer leurs avantages conſacrés au public, j'ai fait conſtruire dans mon jardin, à douze pieds près & deſſous les croiſées de la maiſon que j'occupe, le modèle du Four que je propoſe : j'y ai fait dix épreuves capables de m'aſſurer que je ne promets au Gouvernement que ce que j'exécuterai, & de me tranquilliſer ſur l'importance de cet engagement ſolemnel.

Au premier coup d'œil toute nouveauté étonne : ſi celle-ci, quoiqu'utile, doit éprouver le même ſort, il ne peut me venir que du côté des Manufacturiers actuels, qui, roidis par l'habitude, & inſpirés par leurs

intérêts fecrets que la difpofition vi-
cieufe de leurs Fours favorife, feront
les plus grands efforts pour la dif-
créditer.

Ils confidéreront d'abord le tranfport du Plâtre crud, que je propofe de
cuire hors des carrières, comme une
furcharge de frais trop peu réfléchie,
puifque la premiere attention d'un
Auteur doit fe porter fur la réduction
des frais ; j'en conviens : mais quand
le moment de l'exécution me fera
indiqué par le Miniftre, je prouverai
qu'il en réfultera des moyens d'économie qui indemniferont amplement
des frais de ce tranfport. Il leur fem-
blera, dis-je, plus avantageux de
cuire le Plâtre dans les carrières,
comme on le fait aujourd'hui, pour
le tranfporter tout fabriqué dans les
bâtiments.

Cette obfervation n'eft rien moins

que fpécieufe , elle ne trouvera d'accès que dans les efprits peu inftruits fur les ufages pernicieux des fabriques actuelles ; & fon motif, très-facile à pénétrer , ne peut pas altérer la folidité de ma propofition. Je demande qu'on veuille analifer l'une & l'autre , on y trouvera l'intérêt fecret qu'ont ces Fabricants , vieillis dans leurs pratiques , de perpétuer le vice local qui voile leurs infidélités dans la matière ; on reconnoîtra que ce n'eft pas cette nouveauté qui aura pu exciter leurs murmures, mais le déplacement de leur Four , qui, dans un lieu ifolé , exécute impunément ces mixtions frauduleufes , parce qu'il y eft hors de la vue du Tribunal chargé d'y veiller. Ma conclufion eft fimple & fans replique, elle porte fur un principe folide & reçu généralement : *Séparez l'Ouvrier de l'occafion du vice.*

Les procédés de ces Manufactures seront toujours suspects, tant qu'elles occuperont les mêmes lieux, c'est un fait que l'expérience de plus d'un siécle a démontré à la Chambre Royale des Bâtiments, par la quantité des procès-verbaux dont son Greffe est chargé; c'est une vérité, dis-je, que nos Architectes voyent renouveller tous les jours sous leurs yeux.

Le Tribunal, chargé de cette inspection, & le Corps illustre de l'Académie d'Architecture, ont applaudi unanimément au déplacement des Fours; ils y trouvent le bien public, eu égard aux motifs que j'ai déduits, à la nouvelle forme de ces Fours & aux nouveaux procédés que j'y ai exécuté sous leurs yeux; & ils desirent que le Ministre veuille bien en favoriser l'exécution.

Si mon langage & mes démarches font ici un paradoxe, dans la bouche d'un homme intéressé aux combinaisons les plus fructueuses de son commerce, & qui en néglige les avantages pour se livrer avec affection au soin d'en détourner les abus; je puis, sans orgueil, prétendre à l'estime publique & à la protection du Souverain. Aussi je crois déjà me voir en proie à la jalousie de ce petit cercle, partisan de la méthode dont je détruis les ressources ; mais je ne suis nullement inquiet de l'orage : si je prive quelques particuliers des bénéfices qu'ils ne doivent qu'à la fraude, je les en indemnise en leur en substituant d'autres qui sont aussi certains qu'honnêtes.

Si le déplacement des Fours en-

traîne des nouveaux frais , les procédés économiques que je propose à
quiconque voudra m'imiter , font des
moyens de compensation qui doivent
détruire toute inquiétude & tout murmure. Quel travers pourroit donc
verser de l'amertume dans la douceur
que je goûte à travailler au bien général , & troubler la confiance avec
laquelle j'en occupe le Miniſtre?

Enfin, l'on apperçoit dans l'établiſſement que je propoſe , que l'uſage &
l'expérience qui ſuivront de près l'approbation du Gouvernement , auront
bientôt mérité la confiance publique;
alors néceſſité deviendra vertu , la
concurrence & ſes effets rameneront
l'incrédule ſur les pas de la vérité :
j'aurai la gloire d'avoir répondu aux
vœux du Monarque le plus chéri :
j'aurai, par la voie même de la liberté , ſubſtitué une fidéle fabrication

à ces pratiques proscrites par les Réglements, & forcé les fabriques actuelles à donner déformais un Plâtre
pur, liant * & en état de réfifter aux
plus grandes charges des bâtiments,
qui produira la durée de nos Hôtels,

---

* Un Plâtre pur, liant & bien fabriqué s'unit fi
parfaitement avec les matériaux, même avec le bois,
qu'ils ne font l'un & l'autre qu'un même corps. J'ob-
ferve qu'un bon enduit fait avec du Plâtre, tel que
celui qui réfulte de mes procédés, ne contribueroit
pas peu à préferver le haut plancher & les cloifons
d'un appartement livré aux flâmes ; parce qu'il en
peut ralentir les effets, affez pour donner le temps d'y
porter des fecours. Il s'enfuivroit auffi qu'il empê-
cheroit l'effrayante communication de l'incendie, ou
qu'il en retarderoit beaucoup les progrès. Je ne donne
cette obfervation dans ce moment où nous venons
d'effuier un événement des plus affligeants, *l'embrafe-
ment du Palais de notre Capitale*, que parce que j'ai
effayé avec avantage, il y a deux ans, d'envelopper
avec du Plâtre pur deux piéces de bois placées dans
mon Attelier au-deffus du parement de la fournée, où
les flâmes jouent à leur gré : cette charpente s'en-
flâmoit auparavant, toutes les fois qu'on allumoit,
elle ne s'enflâme plus, & le Plâtre, qui ne s'eft pas
encore défuni, la préferve encore.

de nos Temples, de nos Monuments publics, & fur-tout des Maifons Royales, dont l'emploi précieux intéreffe la Nation entière.

Ces Manufacturiers, étonnés & attachés par intérêt & par habitude à leur manière, s'écrieront : fi la faveur eft accordée à cette nouv eauté, c'eft renverfer nos établiffements actuels & faire des malheureux. J'entends, on redouteroit les procédés que je propofe ; eh, pourquoi ? parce qu'ils fubftituent le bon au mauvais, la fidélité à la fraude, & qu'ils font contraires en tout à ceux qui fe pratiquent ? fans doute, il n'y a pas à balancer : il faut ou abolir cette pratique connue, ou étouffer cette nouveauté prête à éclore ; mais il faut choifir la plus utile, j'ai démontré que c'eft la mienne qui a cet avantage, & la faine politique exigeroit que le Gouvernement la protégeât ; une nouvelle réflexion va le prouver.

La concurrence est absolument nécessaire dans toutes les espèces de commerce : un nouveau Marchand a des secrets particuliers & utiles à sa vente, il sçait si bien employer son industrie que le public court à son magasin à peine ouvert : soit meilleure fabrication, soit inconstance, soit curiosité, les acheteurs desertent les autres boutiques pour préférer la sienne. Sur un aussi ridicule prétexte, proscrira-t-on ce nouveau Marchand ? Par-là on décourageroit l'industrie, & nous perdrions pour jamais ses avantages. C'est cette concurrence qui dans tous les objets renouvelle l'activité ; elle est aussi le motif qui décide le Gouvernement à en autoriser la liberté, la soumettant néanmoins aux Réglements.

Par mon projet, je ne veux ni ne peux nuire à aucun Fabricant de Plâtre : si sa matière est reconnue vicieuse, en la comparant avec la mienne, il sera sans contredit obligé, par l'éloignement du public, d'en abandonner la manutention pour embrasser la nouvelle proposée ; si au contraire elle se trouve supérieure & plus économique, son plan actuel subsistera, à cet égard nulle entrave ; le mien ne sçauroit lui nuire, & s'anéantira de lui-même : c'est donc moi seul qui demeure livré aux risques de l'invention, mais l'expérience m'assure qu'elle présentera des avantages assez grands pour m'applaudir de mon ouvrage, & je prévois qu'ils feront oublier à mes concurrents leurs anciennes habitudes.

J'ai bien voulu combattre un inſtant l'opinion de l'intérêt par les fruits de l'expérience ; mais ſans m'occuper davantage à prévenir des difficultés, j'écarte tout motif de défiance par un ſeul mot : c'eſt la ſoumiſſion que je réitére en face du public, de continuer, au prix que j'ai déja établi, les fournitures qui proviendront de ces nouveaux procédés.

Pour mériter la parfaite confiance du Miniſtre, j'ai commencé par faire connoître la ſolidité de mon Projet à la Communauté des Maîtres Maçons, qui ſont premiers intéreſſés à la reforme des abus ; j'ai confié, à la Chambre Royale des bâtiments, des moyens que j'ai imaginés, pour parvenir à la deſtruction des infidélités dont elle a tant à ſe plaindre ; encouragé par l'accueil favorable qu'elle m'a fait, je me fuis addreffé à M. le Comte d'Angiviller, Ordonnateur Général des Bâtimens du Roi, pour obtenir l'agrément de confulter fur ce plan l'Académie Royale d'Architecture, dont il eft le Directeur : Monfieur d'Angiviller m'ayant prefcris de demander le jugement de l'Académie, j'ai follicité auprès de ce Corps illuftre & éclairé par l'expérience, & par les principes de fon art, la faveur de réitérer en fa préfence les épreuves que j'avois déjà faites fous les yeux de la Chambre, & je l'ai obtenue.

MM. les Commiffaires ont ajouté aux effais les plus fcrupuleux de mes procédés la comparaifon du Plâtre qui en eft provenu, avec celui de trois autres fabriques, dont les voitures paffoient au même inftant; & ils ont conftaté leurs opérations par un rapport qui donne la plus grande authenticité à l'avantage que le public trouvera dans l'établissement que je propose. L'Académie a instruit M. le Comte d'Angiviller du succès de ses essais, en lui présentant une copie de son rapport.

J'observe encore que le Fabricant ayant le plus grand intérêt, comme je l'ai déjà dit, de ne faire voiturer que la pierre pure & bonne à cuire, & de la faire employer à fur & à mesure, jusqu'à ses plus petites recoupes; il ne fera autour de cet établissement aucun amas de décombres. On conçoit qu'il se gardera bien d'y faire arriver ces poussières & terres suspectes qu'il ne pourra plus employer, si son attelier se trouve à l'avenir disposé sous les yeux de la Chambre Royale; le bien même de sa manutention le forceroit à les envoyer aux voiries pour éviter tout engorgement.

MOYENS

POUR PARVENIR

à une meilleure fabrication.

POUR parvenir à une meilleure fabrication, il ne suffit pas de déplacer les Fours, il faut encore en changer tous les procédés qui ont été jusqu'à préfent en ufage, & donner à cet établiffement un mouvement fi neuf, que l'ouvrier ne foit tenté d'employer aucun de fes anciens moyens, & qu'il n'en ait pas la faculté : c'est ce que je vais déveloper.

Je n'ai rempli que la moitié de ma tâche en perfectionnant la cuiffon du Plâtre. La manière de le broyer & de le façonner ne doit pas échapper à mes foins. Celle de battre le Plâtre, pratiquée de tous les temps, a mis en usage un instrument de fer en forme de petite houe , dont la figure distincte se voit au bas du frontispice de ce Traité ; sa tête porte une superficie arrondie d'un pouce & un quart, sa pointe sert à détasser le Plâtre sa tête est la touche avec laquelle les batteurs l'écrasent : cette méthode réunit le double désavantage d'être très-lente , & de très-mal exécuter. *

* Elle donne aussi un mal inconcevable aux batteurs, dont le frontispice représente le travail ; ils seroient plus à plaindre que des forçats, s'ils n'avoient librement choisi cet état. Ces malheureux, depuis 3 heures du matin jusqu'au coucher du soleil, dans l'attitude la plus constante & la plus pénible, avalent de la fleur du Plâtre qu'agitent dans l'air leurs instruments, autant de fois qu'ils sont forcés de céder à l'aspiration. Pendant l'été, ils se deshabillent entiérement pour éviter que sur leurs chemises il ne se forme un enduit que produisent leur sueur & cette poussière. Ils ont encore à essuyer la pluie ou l'ardeur du soleil , lorsqu'ils commencent à façonner le devant de la fournée dont l'abatage les repousse hors du Four ; dans le cas de la pluie le Plâtre y perd sa qualité, & on le mêle avec celui de dedans.

D

L'étroite superficie de cette touche ne frappant que ſur un ſeul point, & ſur une ſeule pierre, combien de fois faut-il retoucher, qu'il ſe fait peu d'ouvrages, & combien de gravas gliſſants ſous la touche s'échappent & arrivent non façonnés dans les bâti-ments? Le Plâtre ſe bat ainſi au pied de la fournée, ſur la même aire où ſe fait tout le ſervice par les Ouvriers & les chevaux de ſomme, où par conſéquent la propreté ne peut pas être obſervée, parce que leurs pieds y apportent des terres autant de fois qu'ils y arrivent : de cette mauvaiſe & mal propre exécution, il réſulte du Plâtre de très-mauvaiſe qualité & très-mal façonné.

Par mes ſoins, j'ai bien moins éprouvé que tout autre ces vices, mais je ne dois ſouffrir la moindre imperfection dans mon attelier ; &

malgré une fatigue inconcevable à laquelle trop souvent il eſt néceſſaire de céder, ne pouvant moi-même me garantir de la déſobéiſſance des Ouvriers, déſobéiſſance inévitable, ſe reproduiſant dans l'œuvre même dont la diſpoſition conſerve le germe, je deſire, pour rendre cette façon meilleure & plus utile, établir un moyen ſûr, à l'effet duquel j'ai compoſé un Moulin, que je conſtruirai dans le centre de cet établiſſement; ſon méchaniſme ſimple pulvériſera le Plâtre qui y ſera porté ſans avoir été altéré, il le livrera coulé au gros panier, de manière qu'arrivé dans le bâtiment, ſans autre façon, il pourra y être employé, à moins qu'on ne veuille faire modéler ou exécuter des ornements : dans ce dernier cas, les Maçons le paſſeront au ſas.

Le modéle de ce Moulin, que j'ai

auſſi ſoumis aux lumières de la Chambre des Bâtiments , & de l'Académie
d'Architecture, quoique réduit au cin-
quieme de ſa grandeur naturelle, fa-
çonne le même Plâtre que je fournis
au public; étant exécuté en grand *
il ſera mis en action par un ſeul moteur; ſon mouvement ne ſera inter-
rompu que pour le chargement des
voitures; les Ouvriers étant dreſſés à
ce ſervice , façonneront aiſément ſix
muids par heure, & ſeront bien moins
fatigués que par la méthode ordinaire; en eſtimant dix heures de travail

---

* Les modéles du Four & du Moulin ont cuit &
broyé le Plâtre en meilleure qualité qu'il ne s'eſt encore vu juſqu'à préſent , ſelon les témoignages de la
Chambre & de l'Académie : il faut s'attendre à un
dégré de perfection bien ſupérieur dans les opérations
de leurs méchaniſmes en grand , parce que leurs
agents auront bien plus de juſteſſe & de puiſſance, &
qu'ils n'auront à cuire & à broyer que le même corps
que les modéles ont cuit & pulvériſé.

par jour, ce sera soixante muids que l'on pourra fournir. Il est inutile d'étendre ici davantage la description de cette machine, que la Chambre des Bâtiments & l'Académie Royale d'Architecture ont pris la peine de faire d'une manière très-claire, & propre à faire entendre son utilité *.

Les avantages que présente ma méthode de broier le Plâtre sont très-importants ; je vais les faire remarquer par les désavantages que l'on éprouve dans la pratique actuelle, & dont voici le tableau.

1.º La mal propreté & l'altération du Plâtre cuit & façonné dans les carrières.

2.º Le Plâtre vert ** ou brûlé ; les Manœuvres, Maçons, qui vont dans

---

* Voyez à la suite de ces Réflexions.

** *Vert*, c'est-à-dire, pas cuit ; *brûlé*, c'est-à-dire, trop cuit.

les carrières pour avoir du Plâtre, sont servi des devants * de Four qui donnent le Plâtre verd, ou des fonds qui donnent le Plâtre brûlé; ils ne peuvent refuser ni l'un ni l'autre, si leur tour se trouve arrivé dans les instants où les Batteurs sont occupés à broier l'une de ces parties de la fournée. Les opérations de mon établissement sont dirigées de manière à ne produire aucun de ces inconvénient. Car à tout heure & en tout temps le Plâtre s'y livrera bien façonné & toujours en bonne & égale qualité. L'égalité dans la qualité est importante dans tous les cas, mais sur-tout pour les ouvrages ** en cor-

---

* Les devants de fournée ne sont jamais assez cuits, parce que le feu en est toujours dérangé par les vents; les fonds ordinairement sont trop cuits, sur-tout quand les Fourniers s'absentent, & qu'ils n'ont pas soin de modérer le feu qui s'y porte naturellement.

** Ce sont des petites réparations où il ne faut que douze ou trente sacs de Plâtre.

vée qui ne permettent pas d'en prendre par approvifionnement, de manière à pouvoir corriger le mauvais d'une voiture par le bon d'une autre.

3° La quantité des gravas qui force très-fouvent les Maçons, preffés par l'ouvrage, à les répandre dans les rues pour les faire broyer par les voitures. Le Plâtre ainfi broyé eft fouillé par l'ordure des roues, & par les pieds des chevaux qui en emportent la fleur : il ne peut être employé qu'à des ouvrages groffiers, & ce qu'il en refte fur le pavé eft un déchet préjudiciable.

Quand les Maçons, par la difpofition de leurs bâtiments, n'ont pas ce rouler des voitures pour faire écrafer leurs gravas, alors ils occupent des Manœuvres qui les réduifent à force de frapper deffus avec des touches de bois : dans ce dernier cas, j'ob-

ferve qu'il n'y a perfonne dans le voi-
finage des attelliers de maçonnerie,
qui ne fe plaigne de la pouffière que
cette opération à bras tire du Plâtre ;
& qu'il en réfulte deux très-grands
défavantages, l'un eft que cette pouffière eft nuifible à la fanté , l'autre
eft qu'elle eft la fleur qui contient
l'onctuofité fi utile au lien des matériaux, & qui ne fe trouve plus dans
le produit des gravas.

Que les Propriétaires ne foient
plus étonnés , fi les réparations fe re-
nouvellent & fe multiplient dans leurs
appartements & chez leurs Locataires ? Je n'entends pas les augmenta-
tions d'aifance & de luxe que l'opulence & le goût infpirent , parce que
le défir & la paffion n'apperçoivent
ni incommodité ni difficulté ; mais
ce font les dépenfes forcées & réful-
tantes des corruptions & des défec-

tuofités qui font plutôt le fruit d'une mauvaife matière que d'une mal adroite conftruction, & qui fe manifeftent tant dans les diftributions intérieures que dans les murs principaux, quelquefois avant la perfection du bâtiment : le rétabliffement de ces parties, après coup & en fous œuvre, ne peut pas être parfait. Cette réflexion intéreffe le Propriétaire ; il en eft une autre fur le déchet de la matière qui intéreffe l'Entrepreneur , je vais la démontrer.

***

LE prix commun du Plâtre, livré dans ce moment, eft neuf livres dix fols par muid, pour le fervice de Paris, à ce prix cette matière eft chargée de grávas pour un tiers; ces gravas ont en groffeur depuis un pouce jufqu'à deux pouces & demi : le Maître Maçon, jaloux de faire du bon ouvrage, occupe donc des Manœuvres à réduire ce tiers de gravas, afin de l'employer mêlé avec le Plâtre en poudre. Si le produit de ces gravas étoit employé feul, l'ouvrage feroit mauvais, & dans le cas d'être démoli ; c'eft ce que les Maîtres éprouvent réellement quand leurs Compagnons n'y font pas attentifs, à moins que les Manœuvres pareffeux & infidéles, pour éviter cette opération, qui leur fatigue le bras & leur mutile la main, ne les jettent dans les décombres ; ce dernier cas arrive plus fouvent que le premier , parce que le Maître eft plus fouvent abfent que préfent ; alors c'eft un déchet réel de 3 liv. 3 f. 4 den. fur le muid, qui eft toujours chargé de gravas pour un tiers du muid.

Cette perte eft inévitable dans les petits ouvrages de corvée, où l'em-

ploi de ces gravas est impossible lorsque le Plâtre n'est pas cuit : j'entends
très-souvent les Maîtres s'en plaindre;
quelques-uns d'entr'eux, auxquels j'ai
communiqué le projet du Moulin ,
m'ont engagé à l'exécuter; ils m'ont
offert quinze sols d'augmention par
muid à proche distance , vingt-cinq
sols à distance éloignée, c'est-à-dire,
à moyenne distance , vingt sols; mais
à condition que le Plâtre seroit en
bonne qualité & coulé sans gravas,
ou passé au gros panier. Cette augmentation étant admise, le Maître
Maçon est certain de profiter de 2
liv. 3 s. 4 den. en évitant l'infidélité
de son Manœuvre , qu'il seroit en
outre dispensé d'employer; ce seroit
un Ouvrier qu'il ne payeroit pas ,
d'où naît encore une nouvelle économie.

J'AI dit dans la premiere section de ce Traité, que, dès que la disposition de cet établissement auroit obtenu l'agrément & la protection du Ministre, je fournirois sans augmentation de prix, le Plâtre qui en proviendroit : on a dû comprendre que cette soumission porte uniquement sur l'avantage que j'ai l'honneur de présenter au public, en lui donnant un Plâtre dorénavant pur, sans mixtion ou altération, en qualité égale à toute heure & en toute saison, tandis qu'aujourd'hui on le livre en qualité qui n'est pas la même d'une voiture à l'autre, qu'elle differe par les teintes que l'on apperçoit sur des ravalements & sur des plafonds, & qu'elle est mauvaise dans la moitié de ce qui se livre.

Par rapport au travail du Moulin

l'augmentation eſt légitime, & elle eſt totalement indifférente à la qualité préſente & future du Plâtre, quant à la cuiſſon : quelques Maîtres me l'ont offert, * parce qu'ils ont ſenti que c'eſt une façon extraordinaire faite ſur le Plâtre, qui, en augmentant la main d'œuvre de l'établiſſement, en épargne une bien plus forte aux Maîtres Maçons, & prévient le déchet qui leur a été démontré. Cette dépenſe ne peut ſe recouvrer que par une augmentation qu'ils ont eux-même fixée, ſelon le mérite de l'économie qu'ils y apperçoivent pour eux & pour le public.

---

* Tous y auroient également accédés, s'il eût été poſſible de les tous conſulter.

COMPARAISON.

Four & Battage actuel.	*Four & Broyage proposé.*
1° Les Fours actuels font ouverts & fatigués par les vents.	1° Les Fours proposés feront fermés, & leur feu fera tranquille.
2° Leur fumée traînante, incommode à l'Ouvrier même, monte très-lentement & avec étalage.	2° Leur fumée active perce aussi-tôt le bloc de la fournée ; elle s'y raréfie en partie, & le méchanisme porte l'autre partie, dépouillée de ses sels nuisibles au cerveau & à la vue, à trente-cinq ou quarante pieds de hauteur dans l'atmosphere.
3° La mauvaise qualité du Plâtre pour moitié environ de la fournée, & le déchet qui en résulte dans l'emploi, le risque des effets qu'il produit.	3° La qualité bonne, pure & suivie du Plâtre, le fait employer sans déchet ; elle contribue à la plus grande solidité des Bâtiments.
4° Les gravas verds, battus le plus souvent par les voitures dans les boues, dont il est souillé, ou à bras : l'incommodité qui résulte de cette opération pour le voisinage, & la mauvaise qualité sur cette portion de la fournée, parce que cette poussière qui s'éleve n'est autre chose que la fleur qui se perd.	4° Le Plâtre sans gravas prêt à employer, l'économie prodigieuse que produit sa bonne qualité & toujours égale ; sa fleur est conservée, sur-tout pour les petits ouvrages en corvée.

Il s'en fuit donc que l'incertitude fur la qualité des Plâtres que l'on emploie aujourd'hui , n'en laiffe aucune fur le peu de durée des Bâtimens que l'on éleve, & de leurs réparations fi fouvent recommencées , ainfi que fur le danger que court le Citoyen. Quel avantage va donc produire cet établiffement ? Nous laifferons , à nos arrières petit-fils , des retraites & des monuments que la fucceffion des temps aura bien moins dégradé que ceux que nous tenons de nos peres.

Au foutien de toutes mes réflexions , & fur-tout de celles qui ont préfenté la néceffité de placer mes nouveaux Fours hors des carrières pour y éviter les mixtions, je dois citer un exemple qui ne peut être revoqué en doute, puifqu'il exifte, &

que tous nos Architectes & les Maîtres Maçons le connoissent. Ce sont
les Fours à Plâtre établis sur les Ports
de Séve & de Marli, & autres lieux
où la pierre à cuire se transporte par
bateau : sans contredit, le Plâtre de
ces Manufactures est celui dont la
qualité est la meilleure. La raison en
est qu'à Séve & à Marli il n'est point
de carrières à Plâtre, mais seulement
des Fours pour le cuire; que les poussières, les marnes & les décombres
n'y sont point employées, non parce
que les Ouvriers y sont plus fidéles,
car partout le même esprit les conduit,
mais parce que ces objets de mixtion prohibée ne sont pas sous leurs
mains, pas même à une certaine pro-
ximité capable de tenter leur frau-
duleuse sépéculation. Il n'entre dans
ces fournées que les menues recoupes,
à mesure que le marteau les produit.

II

Il faut donc ne pas perdre de vue
que la cause de la mauvaise qualité
du Plâtre de Paris n'est point dans
la qualité de la pierre dont les bancs
sont aussi bons que ceux qui s'emploient à Séve & à Marli; mais qu'elle
est dans les procédés de ces manutentions près de Paris, dont le vice est local.

A Séve & à Marli le Plâtre se vend
12 livres, le même muid que l'on paye
à Paris 10 liv. *au plus haut prix;* ce n'est
pas la supériorité de sa qualité qui
établit cette cherté, c'est le transport
de la pierre crue qui produit cette
augmentation de vingt pour cent en
sus du prix du Plâtre de Paris. Dans
l'exécution de mon projet, le transport de la pierre produiroit bien à
peu près la même augmentation, mais
par les économies résultantes de la
disposition projettée, je trouverai la
compensation des frais de transport

qui devra fe faire en Plâtre crud depuis la carrière jufqu'aux Fours.

De cette difpofition il réfultera la certitude de ne payer que neuf livres dix fols, ou dix * livres au plus, le Plâtre qui fera déformais auffi pur & auffi bon que nos Maçons le trouvent à Séve & à Marli ; je fuis même fondé à l'affurer plus pur, parce que les procédés du battage qui font les mêmes dans les Fours de Paris, de Séve & de Marli, font changés dans mon plan, & aidés par des précautions de propreté que leurs difpofitions ne peuvent admettre.

Ce moyen de procéder efficacement à la deftruction des infidélités renouvellées chaque jour, a été remarqué par la Chambre des Bâtiments & par l'Académie d'Architecture, de-

---

* Prix actuel du Plâtre à Paris.

voir être exécuté dans mon projet de
la même manière qu'il l'eſt dans les
manutentions de Séve & de Marli ;
la ſeule diſtinction que l'on peut faire,
c'eſt que dans mon établiſſement il
ſera le fruit de la combinaiſon, de
l'ordre raiſonné & de la diſcipline ; &
que dans les Fours de Séve & de
Marli, il eſt forcé par l'établiſſement
des Fours éloigné des carrières. Mais
quel que ſoient les cauſes de ce point
de perfection dans la diſpoſition des
Fours à Séve & à Marli, & dans la
méthode nouvelle que je propoſe, la
certitude évidente de la bonne fabrication qui en doit réſulter, éſt l'objet unique qui intéreſſe le bien public.

L'expérience vérifiée dans la manipulation des Fours à Séve & à Marli,
répond de la fidélité & de la ſupério-
rité des procédés qui ſeront mis en
uſage dans le nouveau plan, dont

l'ordre méchanique ôte aux Ouvriers toute faculté d'y rien changer : avantage d'autant plus grand qu'il eſt l'unique précaution qu'on puiſſe oppoſer avec ſuccès contre toute infidélité.

La délibération tenue par la Communauté des Maîtres Maçons en ſon Bureau le ving-deux Décembre mil ſept-cent ſoixante & quatorze , la Sentence de la Chambre Royale des Bâtiments ſur le requiſitoire de M. le Procureur du Roi audit Siége du dix-ſept Janvier mil ſept-cent ſoixante-quinze, l'avis de l'Académie Royale d'Architecture ſur le rapport de MM. ſes Commiſſaires, des vingt Février , treize & vingt Mars de la même année , ſont des témoignages bien authentiques & en état de régler le dégré de confiance dû au projet : j'ai joint à ce Traité les extraits de tous ces actes ; on y trouvera les épreuves les plus fortes sur la qualité du Plâtre, les réflexions les plus lumineuses & les plus utiles ; l'on y verra tous les points qui peuvent intéresser l'attention du Gouvernement pour le bien général, prévus & très-scrupuleusement discutés ; par qui ? par le Tribunal institué pour l'inspection de ces sortes de Fabriques ; par une Académie célébre dont chacun des Membres veille à la sûreté publique dans l'art de bâtir qu'il professe, à qui il appartient d'estimer le puissant intérêt que le Citoyen en général, & le Citoyen en particulier peuvent avoir à l'exécution de ce plan.

Si ces suffrages dictés par des hommes éclairés & expérimentés, ne sont pas jugés suffisants pour mériter la souveraine protection, qu'elle autre instruction y pourra jamais suppléer ?

Car la Sentence de la Chambre, le rapport & l'avis de l'Académie préfentent, dans la meilleure forme, une defcente de lieux prefcrite par l'Ordonnateur Général des Bâtiments du Roi; ils acquièrent ici le caractère de procès-verbal jurïdique, & la foi fans referve due au Tribunal & aux Artiftes compétants.

———————————

Le public a encore un très-grand intérêt à voir établir un ordre dans le fervice de cette fourniture : dans la manière actuelle, il fe pratique, par les Charretiers, d'intelligence avec quelques Ouvriers du Bâtiment, un brigandage porté au comble ; il eft difficile de fe figurer un tel caractère d'infidélité, il faut que le hafard ou un événement nous en faffe le témoin, pour nous le perfuader. Les Maîtres

Maçons m'entendent; néanmoins peu d'entr'eux fçavent jufqu'à quel point font portés les torts qu'ils éprouvent.

Je ne puis parler qu'en paffant de ces abus, parce qu'ils font étrangers à la qualité & à la manutention du Plâtre, qui font les fujets que je traite. Je me borne à annoncer que dans mon établiffement tout eft auffi prévu contre ce nouveau vice , & que la confiance publique fera auffi bien fervie dans la délivrance de cette matière que dans fa qualité, pourvu que le Maître Maçon veuille impofer dans fon attelier la police que je lui indiquerai; il y eft intéreffé, ainfi que le Bourgeois qui fait bâtir par économie.

Le fujet de ma differtation eft un de ceux qui , jufqu'à préfent, a été le plus négligé , peut-être parce qu'il n'eſt pas brillant ; mais en eſt-il moins utile à la ſociété ? La ſolidité des abris qui occupa les premiers hommes mérite-t-elle moins notre attention ? L'Architecture & l'Agriculture furent les premiers Arts qui ſervirent les premiers & les plus preſſants beſoins : celui-ci donne des tréſors, celui-là les met à couvert, & les conſerve pour le moment de l'emploi : il n'en eſt point d'auſſi précieux confié à la protection du Gouvernement, & plus digne de l'étude du vrai Citoyen.

Le Plâtre eſt une des matières les plus eſſentielles à la bonne conſtruction ; je m'eſtimerai heureux ſi le Miniſtre approuve mon deſſein de le perfectionner, & s'il protége l'exemple que je propoſe par un eſſai fixé à ſoixante muids par jour : je donnerai enſuite à l'établiſſement telle extenſion que l'autorité me preſcrira pour le bien public. J'ose me flatter que les Bâtiments du Roi n'auront jamais employé d'aussi bon Plâtre ; car j'aspire à la gloire de leur en fournir.

INSINUER un projet insidieux, ce seroit s'avilir par le caractère infâme du mensonge, ce seroit le comble de l'infortune qui ne finit qu'avec la vie. Mais, se porter avec autant de candeur que d'attachement au bien public, c'est le bonheur d'un Citoyen : cette ambition qui éleve mon ame, fait déjà partie de ma récompense ; j'aurai tout obtenu si je parviens à encourager le vrai commerce du Plâtre & à le distinguer. Mon vœu pouvant être agréable au Ministre, je frayerai des voies fidéles, faciles & fructueuses à quiconque voudra s'en occuper.

DÉLIBÉRATION

De la Communauté des Maîtres Maçons.

Nous, Syndic & Adjoint & les douze repréfentants la Communauté des Maîtres Maçons, affiftés des Anciens Syndics, affemblés cejourd'hui 1 Décembre 1774 en notre Bureau, fis rue de la Mortellerie, avons lu attentivement & réfléchi le Mémoire ci-deffus, atteftons la vérité des abus & des vices qui régnent dans la fabrication du Plâtre depuis long-temps & actuellement pratiquée, & que la difpofition de l'établiffement propofé, par le fieur Ferrouffat, nous paroît n'être fufceptible d'aucuns, indépendamment des avantages importants y démontrés pour l'intérêt public : ledit fieur Ferrouffat promettant la pleine exécution du contenu audit Mémoire, nous désirons ardemment, vu le bien public, que le Gouvernement veuille bien accueillir & favoriser ledit établissement. Fait & arrêté audit Bureau les jour & an que dessus. Signés, POMMIER, VERPRAUX, DOUCET, PASQUIER, P. LE DREAU, MANGIN, SOUHART, CAMBAU, LE MOINE, GUERNON, JOLIVET, GRANDHOMME.

EXTRAIT des Registres de la Chambre Royale des Bâtiments, Ponts & Chaussées de France au Palais à Paris.

CE jour les Gens du Roi étant entrés en la Chambre du Conseil, M. Boissou, Procureur dudit Seigneur Roi, a dit :

MESSIEURS,

UNE expérience presque journalière nous a appris toutes les fraudes & les abus qui se commettent par les Plâtriers, pour la cuisson & la préparation du Plâtre.

Comme c'est une des matières les plus essentielles de la Bâtisse, surtout pour la Capitale & les environs, puisqu'elle devient le lien des matériaux & en forme l'union, la consistance & la force; il n'est point de moyen que nous n'ayons employés pour rémédier aux inconvénients que produit la mauvaise qualité des Plâtres.

Les principaux abus consistent, premiérement, dans le peu d'attention à couvrir les Fours & culées où l'on fait cuire le Plâtre; cette matière se trouvant exposée aux pluyes & aux intempéries de l'air perd son action

& ne forme plus qu'une maſſe de terre qui ne peut plus s'incorporer avec le mouelon & la pierre. Deuxiémement, dans le défaut de cuiſſon égale & ſuffiſante, les culées, mal conſtruites & ouvertes à tous les vents, leur laiſſent un paſſage, qui, agitant la flamme, lui ôtent la moitié de ſon activité, & l'empêchent de ſe porter également du bas en haut, & de ſe répandre à travers les lits de pierre; de la naît un double inconvénient : il ſe trouve un ſixiéme de la fournée, un cinquiéme, quelquefois plus qui n'eſt pas cuit, & il faut que le Plâtrier le replace dans une deuxiéme fournée, ce qui augmente la dépenſe, & l'oblige de vendre plus cher; où, s'il eſt peu curieux de remplir ſes devoirs, il fait battre la pierre mal cuite, comme celle qui eſt cuite, ce qui donne au Plâtre une qualité abſolument mauvaiſe.

Troisiémement. Un abus encore plus fréquent & plus préjudiciable aux Entrepreneurs & aux propriétaires, & pour lequel nous recevons journellement des plaintes, soit par les Commissaires de Police, qui, à notre requête, font la visite des Fours, soit par le public, c'est la mixtion des poussières qui se forment en cassant la masse & les pierres, & que la plûpart des Plâtriers répandent ensuite sur leurs Fours sous prétexte de mieux concentrer la chaleur, ou même sur le Plâtre cuit & battu ; poussières qui par leur finesse ne sont point susceptibles de l'action du feu, ni par conséquent d'aucune cuisson, & qui, mêlées avec le bon Plâtre, en augmentent la quantité pour le Plâtrier, & en détériorent absolument la qualité au préjudice de l'Entrepreneur ; disons mieux au détriment de la société, puisque la majeure partie des accidents occasionnés par des démolitions inopinées, ne proviennent que du défaut de ciment dont aujourd'hui le Plâtre tient lieu dans les trois quarts des bâtiments.

Vous le sçavez, Messieurs, puisque par vos jugements vous avez secondé nos démarches, nous avons, depuis plus de cinq ans, faits toutes les recherches possibles pour arrêter les fraudes devenues presque générales, nous avons fait mulcter les délinquants par des amendes, par des interdictions rendues publiques, par des jugements qui ont prononcé les peines les plus séveres; & cependant la fraude, toujours féconde en ressources, subsiste & se reproduit sous mille formes différentes.

Le sieur Ferroussat de Castelbon, qui tient une Manufacture de Plâtre très-connue, & qui la fait exploiter fans avoir reçu aucun reproche, nous a remis une Requête adreffée à la Chambre : il y propofe des moyens capables de prévenir ou empêcher la fraude qui fe commet lors & après la cuiffon du Plâtre, & d'en rendre la qualité meilleure.

Cet Artifte, car les effais qu'il pro-pofe, les inftruments qu'il a imaginé, lui méritent ce titre, nous paroît être animé de la noble ambition de deve-nir utile à fes concitoyens, & d'ajou-ter un nouveau dégré à la folidité & à la propreté des édifices.

Il a défiré que nous priffions une connoiffance approfondie de fon pro-jet, afin que nous fuffions en état de vous mettre à portée de prononcer fur l'utilité de fon plan, qu'il foumet à votre décifion comme au feul Tri-bunal établi par nos Rois pour veil-

ler

ler à tout ce qui concerne, non-seu-
lement les Carriers & Plâtriers, mais
encore la police & la sûreté des Bâtiments, & pour s'occuper des différentes parties qui tiennent à la construction, & réprimer les malversa-
tions que peuvent commettre les Entrepreneurs.

La Requête du sieur Ferroussat,
Messieurs, a passé successivement sous
vos yeux : vous vous êtes même
transportés dans un des Fauxbourgs
où il a fait construire en racourci le
modéle des nouveaux Fours qu'il propose, & établir la forme d'un nouveau Battoir : vous avez vu avec nous
la bâtisse du Four, l'effet du feu,
celui de la fumée, la qualité du Plâtre cuit; la forme simple & ingé-
nieuse du Battoir ; & cette premiere
connoissance vous a fait désirer, non-
seulement que nous vous présentions

F

nos réflexions, mais encore que le résultat en soit connu.

C'est pour déférer à ces vœux que nous allons vous retracer ce qui nous a paru le plus avantageux. Dans la construction des nouveaux Fours proposés, & dans la manipulation du Plâtre, nous ne pouvons vous mieux faire connoître ces avantages qu'en les comparant avec les inconvénients des Fours actuels & du battage tel qu'il existe.

Les Culées ou Fours, dont se servent les Plâtriers ordinaires, ne font composés que de trois murs faits grossiérement & sans liaisons, l'un d'eux, formant le fond, est adossé à une motte de terre élevée, deux autres paralleles & prenants à chaque coin du fond servent à suporter un mauvais couvert, & laissent une ouverture ayant la même largeur que le mur du fond : il n'y a aucune précaution pour empêcher la trop grande force des vents, aucun centre pour réunir la fumée, aucun moyen pour concentrer l'action du feu.

Ces Fours construits auprès des carrières & masses dont on extrait la pierre à Plâtre, se trouvent à portée de la poussière qui résulte de la casse des pierres & de leur apprêt : les Plâtriers amateurs de la fraude sont à portée de suivre leur penchant, le moyen de la pratiquer est sous leur main : de-là ces amas de poussières entassées auprès des Fours, que les Commissaires de Police trouvent si souvent dans le cours de leurs visites, & qui quelquefois est passée au crible pour la confondre plus facilement avec le Plâtre, mixtion qui se fait & avant la cuisson du Plâtre & après qu'il est cuit, prêt à battre, ou battu;

F ij

mixtion si fréquente que depuis environ cinq ans il existe, au Greffe de la Chambre, plus de deux cents procès-verbaux qui constatent cet abus.

La mauvaise couverture de ces Fours, souvent le défaut total des couvertures, donnent accès à la pluie, & on sçait que le Plâtre une fois mouillé perd les trois quarts de sa qualité.

Après la cuisson on le bat sur l'aire & dans la culée : de-là deux inconvénients : les Batteurs à force de le remuer en répendent beaucoup hors la culée, & l'exposent ainsi aux injures de l'air, ou a être mêlangé avec des poussières & les boues : le gros battage fait, mais sans être broyé suffisamment, on met le Plâtre dans des sacs, & on le livre en cet état aux Entrepreneurs, qui sont obligés d'avoir dans les bâtiments & atteliers différents Manœuvres pour les battre de nouveau, ce qui augmente d'autant la dépense.

Le sieur Ferroussat propose des Fours d'une nouvelle forme, il observe qu'il est nécessaire de les éloigner des masses ou carrières. Il a imaginé aussi une espèce de Moulin pour battre & broyer le Plâtre.

Les Fours, tels que la construction en est tracée par le sieur Ferroussat, & dont il nous a fait voir l'exécution en petit au Fauxbourg du Temple, forment un quarré long sur lequel sont élevés quatre murs venant racheter ou retrouver en voussure un tuyeau de cheminée, dans laquelle doit se réunir la fumée, la bouche ou ouverture est pratiquée sur celui des deux petits pans le plus éloignés du tuyeau. Au pan opposé sont pratiquées deux ventouses qui ajoutent une nouvelle action au feu, afin qu'il perce plus facilement le bloc de la fournée.

Dès que le feu commence à s'allumer, on ferme l'ouverture en ne laiſſant par bas qu'un jour médiocre & ſuffiſant pour entretenir l'activité du feu.

La vouſſure, au-deſſus de la bouche & qui continue juſqu'au tuyau, ſe trouve plus rampante en dedans qu'au dehors, afin de répandre la flamme & la chaleur ſur la ſuperficie des pierres à Plâtre, & procurer aux lits ſupérieurs une cuiſſon égale à celle des lits inférieurs. La fumée, après avoir filtré à travers toutes les couches & tous les vuides, eſt forcée par la forme du Four de ſe réunir au point où commence le tuyau, qui, ſe retraiciſſant à proportion qu'il s'éleve, donne par la réſiſtance & la réunion plus de force à la fumée, & l'oblige de fortir avec tant d'impétuofité qu'elle s'éleve en cône à plufieurs toifes fans fe répandre par bas ; elle ne peut par conféquent incommoder les bâtiments voifins ; nous en avons vu l'effet & vous en avez été également témoins.

Nous avons également remarqué que le feu fe portant d'abord vers le centre, parce qu'aucun vent ne divife la flamme, fe diftribue avec une égale force fur toutes les parties latéralles, & procure une cuiffon plus prompte & plus égale.

Le Plâtre défourné il ne s'eft pas trouvé un quarantiéme qui ne fût également cuit, & après l'avoir fait battre, gâcher & employer, il a été vérifié qu'il eft plus gras, fe gâche plus aifément, & qu'il acquiert prefque dans le moment la plus forte confiftance, & fe durcit à l'égal de la pierre.

L'usage de ces Fours ne peut donc qu'être avantageux, & pour le Plâtrier qui y trouve une économie, & infiniment moins de pierre non cuite ; & pour le public qui n'est plus exposé aux abus dont jusqu'à présent on a tant à se plaindre.

Le Battoir pour bien broyer & pulvériser le Plâtre, afin qu'il soit livré de façon qu'il ne reste plus qu'à l'employer, est une machine composée de ressorts également simples & solides, dont l'exécution & l'assemblage annoncent dans l'Auteur beaucoup d'intelligence & de combinaison.

Cette machine est une espèce de Moulin propre à corroder & façonner le Plâtre ; il sera mis en action par un seul moteur, qui sera un cheval de moyenne force ; ce cheval sera attelé au bout d'un levier passé orisontalement dans un cabestan vertical : au-deſſous du bras du levier ſe trouve paſſé parallelement un axe de fer qui mene trois cilindres de différents diametres & de différentes coupes & épaiſſeurs relativement aux diverſes actions que chaque cilindre doit opérer ſur le Plâtre, & relativement à la coupe de l'aire qu'ils doivent parcourir en écraſant le Plâtre qui ſe trouvera répandu ſur leur paſſage.

Le même axe qui menera les trois cilindres traînera derrière eux trois valets de fer qui ſe ſervant le Plâtre l'un ſur l'autre à meſure de la mouture, le jetteront ſur des blutoirs qui, mus par le même moteur au moyen d'une verge de rapport avec le bras du levier, lâcheront le Plâtre en poudre dans un baſſin placé deſſous, & diſtribueront le Plâtre en gravas dans un réceptacle à côté, d'où deux hommes ſeront chargés au fur & meſure

de le rejetter fur la route des cilindres à cinq pieds de diftance au plus.

L'action du Moulin ne fera inter-
rompue que pour le chargement des
voitures qui fera fait par les Ouvriers
employés au Moulin : ce temps d'in-
terruption fervira à faire manger le
cheval.

Dès que les Ouvriers auront une
fois faifi le méchanifme & l'opération
du Moulin , on façonnera fix muids
de Plâtre par heure ; de façon qu'en
fuppofant le Moulin en action pendant dix heures , on pourra avoir &
fournir par jour environ foixante
muids de Plâtre paffé au gros panier.

La permiffion que le fieur Ferrouffat demande de conftruire ces Fours
plus près de Paris & à une certaine
diftance des carrières , ne nous paroît
pas devoir lui être refufée , nous n'y
appercevons aucun inconvénient ; &

nous y trouvons un moyen de plus contre la fraude, &c. . . . . .

. . . .

En rapprochant les Fours de Paris, le Plâtrier se trouvera plus à portée du bois & des autres objets nécessaires pour la fabrication ; l'épargne qu'il fera sur les voitures le dédommagera & au-delà de l'obligation de voiturer un peu plus loin la pierre tirée de la carrière.

Mais un avantage infiniment plus considérable, ce sera la difficulté de mêler les poussières avec le Plâtre : la pierre étant extraite & préparée loin des Fours, le Plâtrier fraudeur ne sera plus à portée de faire ces mixtions prohibées par les Statuts, par les Lettres Patentes de quinze cents quatre vingt quatorze, & autres Réglements postérieurs, auxquels le Plâtrier promet de se conformer lorsqu'il prête serment & est reçu en la Chambre.

Enfin, quant au Moulin à battre & broyer le Plâtre, il sert à empêcher toutes pertes de cette matière ; il est avantageux pour l'Entrepreneur & pour celui qui fait bâtir, parce qu'il faut moins d'Ouvriers : l'adoption de cet instrument ne peut donc qu'être utile.

Pour subvenir aux dépenses que les changements & ses établissements demandent, le sieur Ferroussat ne demande rien qui puisse être onéreux au public, ni aux Entrepreneurs ; il ne cherche pas non plus à nuire aux Plâtriers ordinaires. Il offre de livrer le Plâtre au prix ordinaire & courant, lorsqu'il sera pris après le battage ordinaire, & sans passer par le battoir ou moulin : en demandant que la forme de ses Fours soit agréé, & qu'il lui soit permis d'en construire plus près de Paris, il ne sollicite aucun privilége exclusif, il fait des vœux pour que les Plâtriers, témoins de l'utilité de ses découvertes, cherchent à se les approprier & à l'imiter, sans avoir aucune intention de les gêner, ni de les forcer à changer leur manière de fabriquer.

Enfin pour toute récompense de ses recherches, il ambitionne d'un côté l'approbation de la Chambre & son autorisation, il se flatte d'un autre côté que le Gouvernement, toujours attentif à exciter les Artistes & les Citoyens occupés des objets d'utilité publique, voudra bien lui accorder personnellement des graces capables de le dédommager, & un titre pour son établissement qui puisse annoncer que l'invention de ses plans ont mérité l'attention du Ministère.

C'eſt auſſi parce que nous voyons dans ce projet des avantages ſenſibles que nous nous empreſſons, Meſſieurs, en approuvant le nouveau plan des Fours à Plâtre & d'un Battoir ou Moulin à battre & broyer le Plâtre propoſé par le ſieur Ferrouſſat, de réquerir qu'ayant égard à la Requête dudit ſieur Ferrouſſat, qu'il lui ſoit donné acte de ſes déclarations, & conſentemens de n'apporter aucune excluſion ni empêchement aux Plâtriers ordinaires ; ce faiſant qu'il ſoit permis audit ſieur Ferrouſſat en ce qui peut concerner la Chambre. . . . .

. . . .

Les Gens du Roi retirés, vu ladite Requête, & le Plan y annexé, la matière miſe en délibération.

La Chambre, ayant égard à la Requête dudit Ferrouſſat, & faiſant droit ſur les concluſions du Procu-

reur du Roi, donne acte audit Ferrouſſat de ſes déclarations & conſen-
tement de n'apporter aucune excluſion
ni empêchement aux autres Plâtriers :
en conſéquence la Chambre permet
en ce qui peut la concerner, &c.

. . . .

Fait & arrêté en ladite Chambre
des Bâtiments le mardi dix-ſept Janvier mil ſept - cent ſoixante - quinze.
Collationné.
Signé, FORESTIER, Greffier.

LETTRE

*De Monſieur DE LA BILLARDRIE,
Comte d'Angévillier, Directeur &
Ordonnateur des Bâtiments, Jardins,
Arts, Académies & Manufactures
Royales, du 13 Février 1775.*

JE n'ai, Monſieur, aucune déciſion
ni autoriſation à donner ſur l'établiſ-

sement que vous projettez pour la cuisson & la manipulation du Plâtre : la Chambre Royale de la Maçonnerie, à laquelle vous vous êtes justement addressé sur un fait qui intéresse la Police & les Réglements qui lui sont confiés, a statué d'une manière qui me paroît devoir suffire à vos projets, en remplissant les conditions qui vous sont imposées : ma charge ne m'attribue aucune sorte de jurisdiction dans Paris ni sur son territoire. Je présume volontiers que vos procédés rendront tous les avantages que vous en esperez, puisque la Communauté des Maîtres Maçons vous accorde son suffrage; les entreprises du Roi en profiteront comme celles du public, puisque les Ouvriers du Roi ne manqueront sûrement pas de se pourvoir auprès de vous, dès qu'ils y trouveront meilleure qualité

&

& meilleur prix : je crois au surplus
que vous auriez dû soumettre vos
idées à l'examen de l'Académie.

D'ANGIVILLER.

LETTRE

De Monsieur DE LA BILLARDRIE,
Comte d'Angiviller, Directeur & Or-
donnateur des Bâtiments. . . . . .
Du 18 Février 1775.

VOUS devez avoir reçu mainte-
nant, Monsieur, ma réponse à votre
Lettre du 10, pour l'envoi de laquelle
j'ai fait employer le couvert de Monsieur le Procureur du Roi de la Chambre des Bâtiments, pour suppléer votre addresse que vous ne m'aviez pas
donnée comme vous le faites aujour-
d'hui : vous aurez vu dans cette réponse que j'y préviens l'idée que vous
avez de rechercher le suffrage de

G

l'Académie : ainsi vous pouvez vous présenter à cette Compagnie pour lui demander l'examen de votre Projet & des procédés que vous comptés y appliquer : ce n'est que de leur mérite & non de ma récommendation que vous pouvez espérer un rapport favorable.

D'ANGIVILLER.

E X T R A I T

Des Régistres de l'Académie d'Architecture. Ce lundi 20 Février 1775.

L'ACADÉMIE étant assemblée, il a été fait lecture d'un Mémoire addressé à Messieurs de l'Académie, par le sieur Feroussat de Castelbon, par lequel il les prie de vouloir bien nommer des Commissaires pour examiner les procédés avec lesquels il espere

fournir aux Entrepreneurs des Bâtiments, & au public, du Plâtre meilleur & plus également conditionné
que celui qu'on employe ordinairement dans Paris.

Ensuite, après lecture faite de deux
Lettres de Monsieur le Directeur Général, qui prescrit au sieur Ferroussat
de demander le jugement de l'Académie, elle nomme pour Commissaires
aux fins d'en faire rapport, Messieurs,
Franque, Brébion, des Mai-
sons & Guillaumot.

*Rapport des Commissaires sur le
Mémoire présenté à l'Académie par
le sieur Ferroussat de Castelbon.*

Nous Commissaires nommés par
l'Académie Royale d'Architecture
dans son Assemblée du lundi 20 Février 1775, pour l'examen d'un Mé-

moire préfenté à la Compagnie par le fieur Ferrouffat, dans lequel il propofe un établiffement de Fours à Plâtre. . . . .

Nous nous fommes affemblés plufieurs fois chez M. Guillaumot l'un de nous, & après y avoir fait lecture du Mémoire, & nous être entretenu fur tous les objets qu'il contient, & fur les avantages qui peuvent réfulter de l'exécution de cet établiffement, nous nous fommes réunis le troifieme Mars après midi à la maifon du fieur Ferrouffat, rue du Fauxbourg du Temple, où il nous a fait lecture d'un nouveau Mémoire plus étendu que celui addreffé à l'Académie, fur les moyens qu'il fe propofe d'employer pour la perfection de fon projet.

Nous avons enfuite fait lecture de l'acte, par extrait collationné des

Regiſtres de la Chambre Royale de
maçonnerie, délivré au ſieur Ferrouſſat ſur le requiſitoire de Monſieur le
Procureur du Roi de ladite Chambre, & lecture auſſi faite de la copie
collationnée d'une délibération de la
Communauté des Maîtres Maçons
de la Ville & Fauxbourgs de Paris;
ces deux Actes également favorables
au projet d'établiſſement du ſieur Ferrouſſat, nous ont conduit avec confiance à l'examen du modèle des Fours,
au moment de la neuviéme cuiſſon
qui a été commencée en notre pré-
ſence. Le modèle de Four qui produit après la cuiſſon de la pierre deux
ou trois muids de Plâtre calciné &
battu, différe des Fours ordinaires,
en ce que le ſieur Ferrouſſat y a adapté
un tuyau de maçonnerie, en forme de
hotte, réduit à la ſortie du Four à
une largeur ſuffiſante pour le paſſage

de la fumée ; le fourneau & sa voûte
sont formés de pierre à Plâtre comme dans les Fours ordinaires , &
cette pierre s'y calcine de même ,
mais l'ouverture est fermée par devant par une porte de fer qui ne laisse
en dessous que quatre à cinq pouces
de vuide pour le passage de l'air ; cette
fermeture empêche la dissipation de
la chaleur, & procure , avec moins de
consommation de bois , le dégré de
la calcination nécessaire & égal partout. Les Fours actuels des Plâtriers
ne peuvent produire ces avantages ,
parce qu'ils sont ouverts tant en dessus qu'en devant, & que pour con-
server la chaleur & ménager le bois,
ils ont recours à une masse de terre
& poussières, dont ils couvrent le dessus de la fournée, & souvent le devant
lorsque le bois est consommé : les
poussières se mêlent avec le Plâtre cuit,

& il en résulte les mauvais Plâtres
qui s'emploient journellement dans
les bâtiments , malgré la vigilance
de la Chambre de la Maçonnerie, &
les amendes fréquentes auxquelles elle
condamne les Plâtriers en contravention. . . . .

Après notre examen de la Fabrique & disposition du modèle des Fours,
le sieur Ferroussat, pour nous faire
juger que la fumée s'en éléve facilement à la sortie du tuyeau, a fait mettre en notre présence une augmentation de bois , & quoique le vent fût
très-variable , & que la sortie du
tuyeau ne soit élevée qu'à dix pieds
du sol du Four, nous avons reconnu
effectivement que la fumée étant
poussée d'une part par l'action du feu
& l'air passant sous les portes de tôle,
& de l'autre par le vuide observé entre la languette de face & le pare-

ment de pierre à cuire, il se fait dans ce vuide un prolongement de flâme qui oblige d'autant plus la fumée à s'élever.

Cette observation sur l'effet de la fumée par le modèle de Four du sieur Ferroussat, nous a fait présumer que ceux qu'il se propose de faire construire pourront produire les mêmes effets, en observant que les tuyaux soient à une élévation proportionnée à la masse & volume de bois qu'ils consommeront.

Nous avons ensuite examiné le modèle de la Machine que le sieur Ferroussat se propose de faire exécuter dans le même établissement, pour écraser & mettre en poudre la pierre à Plâtre cuite, au point de l'employer dans les bâtiments sans être obligé de le battre ; il sera moins éventé par l'usage de cette Machine que celui qui résulte des gravas rebattus.

L'invention de cette Machine nous a parue ingénieufe fans être compliquée. Trois cilindres de différentes coupes & dimenfions, font mis en mouvement par un cheval de moyenne force attelé au bout d'un levier paffé orifontalement dans un cabeftan vertical ; ces cilindres écrafent le Plâtre, & l'inclinaifon de la platte forme le dirige vers de petites trapes qui ne s'élévent que de la hauteur néceffaire pour laiffer paffer le Plâtre fin. Le même levier où le cheval eft attelé fouléve les trapes en rencontrant des tringles de fer qui y correfpondent ; la manœuvre des Ouvriers nous a parue pour cette préparation fe pouvoir faire facilement & à peu de frais.

Le famedi 4 Mars, nous Commiffaires fouffignés , pour nous affûrer par l'expérience de la fupériorité que le Plâtre cuit par les procédés du fieur

Ferrouſſat, devoir avoir ſur ceux qui s'emploient journellement, nous nous ſommes rendus de nouveau à ſa maiſon, & après avoir fait retirer du Four une quantité de Plâtre ſuffiſante pour en faire l'eſſai, nous avons pareillement fait battre & paſſer au même ſas du Plâtre, ſortant du Four de trois Plâtriers différents, au moment qu'ils arrivoient à Paris, ces mêmes Plâtres gâchés à même quantité de Plâtre ſec, & à même quantité d'eau, ont été verſés dans des boîtes de même grandeur préparées exprès, & qui avoient ſervi à meſurer le Plâtre ſec.

Ce commencement d'expériences & de comparaiſon nous a fait voir que le Plâtre du ſieur Ferrouſſat, plus compact que les autres, n'a rempli ſa boîte qu'à peu de choſe près, un des autres eſſais l'a auſſi rempli au même dégré que celui du ſieur Ferrouſſat, & les deux autres qui avoient gonflé en les gâchant, ont produit une élévation excédent le bord de leur boîte.

Ces quatre essais de Plâtre ayant suffisamment pris corps, nous les avons emporté dans leurs boîtes, & depuis samedi 4 Mars, jusqu'au mardi 7 dudit mois, nous les avons laissé ressuyer dans un lieu sec & sans feu.

La nécessité de terminer ces expériences, pour ne point trop différer le présent Rapport, nous a engagé à retirer de leurs boîtes ces petits cubes de Plâtre, le mardi 7 Mars. Ils étoient chacun de dix pouces de long sur six pouces de large & de quatre pouces de hauteur. A ce moment, le cube marqué *F* a pesé quinze livres deux onces, un autre, à sa marque particulière, aussi quinze livres deux onces, un autre quinze livres quinze onces, & le quatriéme seize liv. treize onces.

Depuis ce moment, 7 Mars au

matin, jusques au samedi onze dudic mois, lesdits cubes de Plâtre ayant été séchés à un feu doux & égal pour chacun, ils ont été pesés de nouveau. Le Plâtre marqué *F* a pesé douze livres trois onces, un autre, à sa marque particulière, douze livres, un autre douze livres sept onces, & le quatriéme douze livres trois onces. Dans cet état, nous avons fait couper de chacun de ces cubes un dé de trois pouces en quarré sur trois pouces de hauteur, & nous avons reconnu à l'œil & au ciseau, sur les autres morceaux, que le Plâtre marqué *F*, qui étoit celui du sieur Ferroussat, étoit le plus dûr, le plus plein, & le plus beau ; il restoit cependant encore à ces quatre dés une derniere épreuve pour nous assûrer de leur qualité la plus essentielle dans la construction, qui est la résistance sous le fardeau. Nous les avons en conséquence fait porter

le même jour chez M. Souflot, &
mis fous la Machine que fes lumières & fon zéle pour tout ce qui peut
augmenter les connoiffances de fon
art, ont engagé de faire exécuter
pour calculer la réfiftance des différents matériaux & méteaux propres à
l'ufage des bâtimens. Un defdits dés
de Plâtre pofé fous cette Machine,
s'eft ouvert & écrafé fous le poid de
1380 livres, le fecond s'eft ouvert
& prefque écrafé fous 3300 livres, le
troifiéme s'eft ouvert fous 4080 livres,
& le quatriéme, marqué *F*, qui étoit
celui du fieur Ferrouffat, ne s'eft ouvert que fous le poid de 6630 livres.

Cette dernière expérience, la plus
convainquante de la qualité fupé-
rieure que le Plâtre acquiert par les
procédés d'une bonne cuiffon, fans
mêlange d'aucunes terres, cendres &
pouffières, ainfi que le pratiquent une
partie des Plâtriers, nous fait defirer,

pour l'avantage du public , que le Gouvernement veuille bien protéger & favoriſer l'établiſſement des Fours à Plâtre tels que les propoſe le ſieur Ferrouſſat.

A Paris ce 13 Mars 1775.

Signés , FRANC, DES MAISONS, BRÉBION, GUILLAUMOT.

Collationné par moi & vu conforme au rapport deſdits Commiſſaires, par moi Secrétaire Perpétuel de l'Académie Royale d'Architecture. SEDAINE.

Ce 26 *Mars* 1775.

Ce Lundi 13 *Mars* 1775.

(L'Académie étant aſſemblée.)

Enſuite a été fait lecture du Rapport des Commiſſaires nommés à la ſéance du 20 Février , pour l'examen de la manière dont le ſieur Ferrouſſat fabrique des Plâtres , dont il propoſe de faire un Établiſſement , &

qu'il promet de rendre d'une qualité supérieure à ceux qui s'emploient ordinairement; & l'Académie, satisfaite de l'examen & des expériences faites à ce sujet, a dit, qu'il lui paroît que cette manière de fabriquer le Plâtre, seroit utile, pourvu que l'Entrepreneur ne se relâchât pas sur la façon dont il a fabriqué en présence des Commissaires, & que pour la constater dans l'avenir, ledit Rapport seroit enrégistré, & qu'il en seroit présenté une copie à Monsieur le Directeur Général, qui a prescrit au sieur Ferroussat de demander le jugement de l'Académie.

Ce Lundi 20 *Mars* 1775.

(L'Académie étant assemblée.)

Monsieur Brébion a lu un Mémoire du sieur Ferroussat, contenant une observation sur les Plâtres, qu'il pré-

sente à l'Académie d'après la repré-
sentation qui lui a été faite, qu'il y
auroit à craindre qu'il ne se relâchât
sur les soins qu'exige la manière qu'il
propose de fabriquer le Plâtre ; le
sieur Ferrousat a dit qu'il desire que
ses Fours soient proche de Paris. . . .
. . . .
afin que la police & l'inspection puis-
sent en être faites par les personnes
préposées pour y veiller , & même
par les Entrepreneurs de Maçonnerie.

L'Académie pense qu'il peut être
avantageux que les Fours soient éloignés des carrières pour obvier à plusieurs abus , & qu'ils soient (si cela
étoit possible sans inconvénient) plus
rapprochés de Paris.

Collationné par moi Secrétaire
Perpétuel, ce 26 Mars 1775.

SEDAINE.

M DCC LXXVI.